甘肃连城国家级自然保护区生物多样性系列

甘肃连城国家级自然保护区

鸟类图谱

满自红　主编

赵　伟　瞿学方　副主编

中国林业出版社
China Forestry Publishing House

图书在版编目(CIP)数据

甘肃连城国家级自然保护区鸟类图谱 / 满自红主编.
—北京：中国林业出版社，2020.1
ISBN 978-7-5219-0472-7

Ⅰ.①甘…　Ⅱ.①满…　Ⅲ.①自然保护区—鸟类—甘
肃—图集　Ⅳ.①Q959.708-64

中国版本图书馆CIP数据核字（2020）第017466号

中国林业出版社·自然保护分社（国家公园分社）
策划编辑：刘家玲
责任编辑：刘家玲　葛宝庆

出版　中国林业出版社（100009　北京市西城区德内大街刘海胡同 7 号）
　　　http://www.forestry.gov.cn/lycb.html　　电话：（010）83143519　83143612
发行　中国林业出版社
印刷　固安县京平诚乾印刷有限公司
版次　2020 年 4 月第 1 版
印次　2020 年 4 月第 1 次印刷
开本　787mm×1092mm　1/16
印张　11
字数　200 千字
定价　120.00 元

《甘肃连城国家级自然保护区鸟类图谱》
编写委员会

主　任　华发春　甘肃连城国家级自然保护区管理局

副主任　张育德　甘肃连城国家级自然保护区管理局

　　　　张宏云　甘肃连城国家级自然保护区管理局

　　　　张文宗　甘肃连城国家级自然保护区管理局

　　　　杨　东　甘肃连城国家级自然保护区管理局

　　　　满自红　甘肃连城国家级自然保护区管理局

　　　　赵　伟　兰州大学生命科学学院

编写组成员

主　编　满自红　甘肃连城国家级自然保护区管理局

副主编　赵　伟　兰州大学生命科学学院

　　　　瞿学方　甘肃连城国家级自然保护区管理局

成　员　（按单位及姓氏笔画排序）

甘肃连城国家级自然保护区管理局

王　富　付殿霞　孙新活　把多亮　李小刚　李文涛

杨霁琴　张永军　郁　斌　陶泽军　常有明　蒋长生

兰州大学生命科学学院

王晓宁　包新康　祁　玥　宋　森　赵洋洋　廖继承

兰州市林业勘测设计队

苗丛蓉

摄　影　赵　伟　满自红　杨霁琴　龚大洁　张喜春　种峰林

魏士荣　钱崇文　李　萍　冶占苍　王心蕊　张文柳

刘佳庆　齐　硕　马东辉　董文晓　凌　霄　包新康

宋　森　廖继承

序 一

　　为山川立言，为生灵著谱，是人类对大自然的讴歌与敬畏。在中华人民共和国70周年华诞之际，甘肃连城国家级自然保护区管理局经过多年努力撰写的《甘肃连城国家级自然保护区鸟类图谱》即将付梓问世，在此，我谨代表兰州市林业局表示热烈祝贺，并向长期奋战在生态保护一线的同志们致以崇高的敬意。

　　甘肃连城国家级自然保护区总面积70余万亩，是兰州市最大的天然林区，是兰州市西北部的重要生态屏障和水源涵养区。保护区内野生动植物资源丰富，为保护区开展生物多样性调查研究等科研工作提供了有力的支撑。近年来，在市委市政府的正确领导下，在甘肃省林业和草原局的支持指导下，我们认真贯彻落实习近平生态文明思想，积极践行绿水青山就是金山银山的发展理念，坚持资源保护优先，狠抓森林植被生态修复，采取红外相机监测野生动物、防火视频监控、无人机巡护等一系列先进管理模式，在基础建设、生态保护、森林防火、科学研究等方面取得了可喜可贺的成绩，森林覆盖率由2000年的62.04%增加到2018年的76.26%。呈现出万山苍翠叠嶂、溪水潺潺流淌、獐鹿闲庭漫步、金雕自由飞翔的一派人与自然和谐共处的美好景象。

　　甘肃连城国家级自然保护区管理局相继出版发行了《连城自然保护》期刊、《甘肃连城国家级自然保护区森林植物图谱》《甘肃连城国家级自然保护区志》，以不断倡导绿色发展理念、弘扬生态文化、普及动植物保护知识、宣传保护区广大职工爱岗敬业的先进事迹、传播精神文明建设的丰硕成果为己任，为保护区持续健康发展奠定了良好的基础。这次《甘肃连城国家级自然保护区鸟类图谱》的出版更是填补了保护区鸟类资源调查与科普宣传的空白。该图谱对甘肃连城国家级自然保护区常见的150种鸟类的形态特征、栖息环境和生活习性进行了科学描述，融科普性、艺术性、趣味性于一体。既是管理单位、森林执法人员、相关行业工作人员的实用工具书，也是大专院校相关专业师生和中小学师生学习野生鸟类必不可少的参考书。

　　古人曰：仁者乐山，智者乐水。山水是人类赖以生存的衣食父母，自然是万物生灵的摇篮和精神归宿，万物生灵共生一体，缺一不可。党的十九大报告指出：人与自然是生命共同体，人类必须尊重自然、顺应自然、保护自然。人类只有遵循自然规律才能有效防止在开发利用自然上走弯路，人类对自然的伤害最终会伤及人类自身，这是无法抗拒的规律。伴随着人类文明进程，人类正从认识自然、改造自然走向尊重自然、融入自然。体现了人类渴望自然、返璞归真的精神追求。"山清水秀，鸟语花香"是我们所向往和追求的生活环境。大千世界，群山峥嵘，万岭竞秀，而连城自然保护区以其独有的奇山秀水，卓然立于祁连山东麓，更以其卓绝于世的包容精神，孕育着万物生灵，让这里成为了动物的乐园，鸟类的天堂。保护好这片弥足珍贵的森林资源，守护好动植物的美好家园，是当代林业人义不容辞、责无旁贷的神圣使命。我们要以习近平生态文明思想为指导，开拓创新，锐意进取，认真履职尽责，坚决扛起保护生态环境的责任，用辛勤的工作，努力勾画山青、水碧、天蓝的美好画卷，谱写甘肃连城国家级自然保护区的美好明天。

是为序。

兰州市林业局

2019年10月

序　二

　　时值中华民族第一个百年梦即将实现，生态文明建设高质量发展，取得了巨大成就，受到世人的特别关注。"绿水青山就是金山银山""尊重自然，顺应自然，保护自然"深入人心。甘肃连城国家级自然保护区作为生态文明建设的前沿阵地，以更加务实的态度，把保护区建设和管理工作摆到更加突出的位置，精心保护独特的自然资源、丰富的生态景观，不断探索创新工作机制，努力走向社会主义生态文明新时代。

　　生物多样性保护，是生态文明的本质要求。甘肃连城国家级自然保护区位于黄土高原、河西走廊戈壁与沙漠地区和青藏高原交汇地带，是祁连山生态屏障的重要组成部分，保存有完好的天然森林生态系统和丰富的野生动物资源，是我国西北干旱地区重要的森林分布区，也是珍贵的生物多样性宝库和天然物种基因库。

　　保护区拥有陆生脊椎动物24目66科220种，随着保护区调查巡护监测力度的不断加大，保护区生物物种名录不断丰富增加，近年来通过红外相机野外监测，还留下了野生梅花鹿、马麝等的珍贵照片和视频，其中鸟类资源由原来记录的148种增加至175种，并不断积累了丰富的鸟类资源照片资料，正是在这样的背景下，出版保护区鸟类图谱的构想应运而生。

　　甘肃连城国家级自然保护区是西北干旱和半干旱区鸟类多样性较为丰富的区域之一，独特的地理环境条件孕育了丰富的鸟类资源。1982年兰州市人民政府首先在保护区内竹林沟一带建立了竹林沟鸟类保护区，主要保护鸟类资源及其生境。保护区内鸟类资源约占甘肃省鸟类的31%，在保护区分布的28种国家重点保护野生动物中有21种为鸟类，其中，属于国家一级重点保护野生动物的鸟类有4种：斑尾榛鸡、金雕、雉鹑、黑鹳，属于国家二级重点保护野生动物的鸟类有蓝马鸡、血雉、雕鸮、大鵟等17种。

　　保护区鸟类图谱的出版，不仅是保护区成立以来在生物多样性保护工作成效的展示和体现，也是对今后保护区开展鸟类资源保护及科普宣传教育工作的必要基础和有力支持，将推动和促进连城保护区在鸟类生物多样性保护和生态文明建设方面迈上新台阶。

　　鸟类是大自然的精灵，人类最亲密的伙伴，它美丽的色彩难以复制，婀娜的姿态令人羡慕。鸟类是大自然生物链的重要一环，与人类生活密切相关，它的生存状况反映人类生存环境和生活质量。"一江碧水，两岸青山"，这既是古代诗人眼中的美景，也是我们正在努力打造的现实：让水更秀，山更青，天更蓝。天空中有鸟儿飞过，更显出蓝天宽广的胸怀和白云悠悠的心态。有鸟儿相伴，绿水青山才显得更有灵性。

　　愿您在本书中感受到甘肃连城国家级自然保护区鸟类的多样与美丽。

　　是为序。

甘肃连城国家级自然保护区
管理局党委书记、局长

2019年12月12日

前 言

PREFACE

　　甘肃连城国家级自然保护区（以下简称"保护区"），位于兰州市永登县连城镇，是以保护青杆、祁连圆柏及其森林生态系统和珍稀濒危野生动植物及其生境为主的森林生态系统类型自然保护区。连城自然保护区地处青藏高原、黄土高原、祁连山脉与陇西沉降盆地之间最为明显的交接过渡地带，属祁连山东南部冷龙岭余脉山地，位于黄河流域湟水主要支流大通河中下游，是我国西北干旱地区的重要森林分布区，也是我国西部地区不可多得的天然生物物种基因库。

　　保护区行政区划属兰州市，位于永登县境内，距兰州市140余公里，总面积47930公顷，其中有林地面积24804.99公顷，森林覆盖率76.26%，活立木蓄积量301万立方米，是兰州市最大的天然林区。连城保护区气候属于祁连山山地—陇中北部温带半干旱气候区。由于深居内陆，远离海洋，受地形和大气环流的影响，具有明显的温带大陆性气候特征，冬季寒冷干旱，春季多风少雨，夏无酷暑，秋季温凉。降水较少，年变率大，光照适中，热量不高。由于相对高差较大，山地气候的垂直地带性比较显著。

　　大通河流经连城自然保护区内35千米，纵贯全区，将保护区分为东西两半，形成了两山夹一河的独特地形，其中大通河以西的保护区为中等切割的中山地貌，属祁连山山脉东延之余脉，多为陡峭的石质山地，坡度在45度以上，海拔在2000～3600米之间；大通河以东保护区地貌类型则接近黄土丘陵的特征，与黄土高原相连，为黄土地貌，是东部祁连山地与陇中黄土高原的过渡地带。在大通河两侧，鱼骨状排列着大岗子沟、小岗子沟、指南北沟、吐鲁沟、竹林沟、铁城沟、小杏儿沟、天王沟等较大沟系。根据地形特征，保护区内分为三种地形：西部和北部石质山地、东部黄土丘陵地、大通河河谷地。保护区地势表现为东低西高的地形特点，海拔在1870～3616米之间，最高处张家俄博海拔3616米。

　　保护区特殊的地理位置和地形地貌，地域的特异性造就了区内自然条件复杂多样，为野生动植物提供了多样的生存空间。保护区内保存有完好的天然森林生态系统，有各类植物109科444属1397种，主要分布有青杆、青海云杉、油松、祁连圆柏等天然林。国家二级重点保护野生植物有：桃儿七（*Sinopodophyllum hexandrum*）、山莨菪（*Anisodus tanguticus*）、凹舌兰（*Coeloglossum viride*）、火烧兰（*Epipactis helleborine*）、小斑叶兰（*Goodyera repens*）、二叶舌唇兰（*Platanthera chlorantha*）、绶草（*Spiranthes sinensis*）、蜻蜓兰（*Tulotis fuscescens*）等22种。保护区内野生哺乳类动物34种，隶属于5目17科25属。国家重点保护的野生动物中有28种，其中属于国家一级重点保护野生动物的有5种：梅花鹿（*Cervus nippon*）、斑尾榛鸡（*Bonasa sewerzowi*）、金雕（*Aquila chrysaetos*）、黑鹳（*Ciconia nigra*）、雉鹑（*Tetraophasis obscurus*）；属于国家二级重点保护野生动物有23种：棕熊（*Ursus arctos*）、石貂（*Martes foina*）、水獭（*Lutra lutra*）、马麝（*Moschus sifanicus*）、马鹿（*Cervus elaphus*）、岩羊（*Pseudoids nayaur*）、蓝马鸡（*Crossoptilon auritum*）、血雉（*Ithaginis cruentus*）、雕鸮（*Bubo bubo*）、纵纹腹小鸮（*Athene noctus*）、短耳鸮（*Asio flammeus*）、大鵟（*Buteo hemilasius*）等。

保护区管理局自成立以来，取得了极大的保护成效，依法开展各项管理工作，落实天然林资源保护工程39.87万亩森林资源的管理；落实完成国家级公益林19.2万亩管护工作，森林覆盖率由62%增加到现在的76.26%，活立木蓄积量由250万立方米增加到现在的301万立方米，森林生态植被得到有效恢复，保护区内自然环境和自然资源得到有效保护。2016年，保护区获得中国森林认证——生态环境服务自然保护区，成为我国西部地区首家（全国第二家）通过森林认证的国家级自然保护区，是保护区工作取得巨大成效的最佳阐释和体现。

近年来，保护区管理局在科研方面，加大了与北京林业大学、兰州大学、西北师范大学、甘肃农业大学等高等院校的合作，开展了森林生态系统、植物资源、野生动物调查等方面的科研课题，出版了《甘肃连城国家级自然保护区药用植物资源图谱》《甘肃连城国家级自然保护区森林植物图谱》等，发表了相关论文20余篇。科研监测中心的建立使得科研条件极大改善。但保护区在野生动物调查与监测方面的成果还未有图册出版与展示。

2017年，兰州市陆生野生脊椎动物调查项目开始在连城自然保护区开展，保护区管理局与兰州大学生命科学学院动物生态学团队联合开展保护区野生动物资源调查，以查清连城自然保护区野生动物资源现状，并对野生动物资源进行科学评价，为建立野生动物资源监测体系奠定基础，为更好地保护野生动物资源提供科学依据，也是贯彻执行《中华人民共和国野生动物保护法》《中华人民共和国陆生野生动物保护实施条例》需要。这是连城自然保护区自2003年综合科考后开展的又一次较为全面和长期的野生动物调查和监测工作。项目自2017年8月至2018年7月，在保护区内布设61台红外相机并开展调查工作，经过2年的调查，获得了保护区内地栖兽类和鸟类资源的最新现状，并拍摄了大量野生动物照片。

2018年6月，保护区第二次综合科学考察全面启动，这是保护区自2005年晋升为国家级自然保护区后的第二次全面科学考察，北京林业大学与连城自然保护区管理局共同完成了为期2个月的科学考察任务。通过科学考察进一步对保护区自然环境、生态建设与保护、森林植被、生物多样性、社区共管、社区经济状况、自然保护区管理、自然保护区评价等方面进行了科学论证和分析，为连城自然保护区所持续协调发展与保护提供翔实的数据和科学依据。在此次综合科考中，进一步补充了红外相机调查数据及鸟类样线调查数据，更新了保护区野生动物种类与分布情况。

本书自2017年开始筹备策划，基于保护区近年来在鸟类调查与监测工作中积累的丰富的数据和调查照片，保护区与兰州大学动物生态学团队共同策划编写了本书，旨在充分展示连城自然保护区丰富的鸟类资源，为今后保护区开展野生动植物科普教育及保护宣传等工作提供支持。本书详细介绍了保护区分布的46科150种鸟类的鉴别特征以及习性与分布，配以彩色鸟类照片，通过直观的鸟类照片及文字介绍，让更多人了解保护区内的鸟类资源，同时也为保护区管理人员、巡护监测人员及高校师生识别保护区鸟类提供简便实用的图谱，促进保护区生物多样性的保护。

本书的鸟类定名和分类是以郑光美先生编写的《中国鸟类分类与分布名录》（第三版）为依据的，鸟类鉴别特征及习性与分布主要以《甘肃脊椎动物志》及《中国鸟类野外手册》为依据，鸟类照片主要来自兰州大学生命科学学院动物生态学团队在保护区开展鸟类调查期间拍摄的照片，2017—2019年保护区红外相机监测照片，以及保护区工作人员张喜春、种峰林、魏士荣、钱崇文、李萍、杨霁琴、冶占苍等人在日常巡护监测过程中拍摄的鸟类照片。此外，西北师范大学龚大洁、北京林业大学王心蕊、云南大学张文柳、新疆大学刘佳庆、中山大学齐硕、兰州大学马东辉、华夏荒野旅行董文晓、鸟友凌霄等人提供部分鸟类照片，我们表示由衷地敬佩与感谢。

我们希望读者能够通过本书来了解甘肃连城国家级自然保护区丰富的鸟类资源，认识更多的鸟类并观察保护区的鸟类，也希望能够通过观鸟了解什么是生物多样性和保护生物多样性的意义。

编者

2019年10月于连城

目 录
CONTENTS

斑尾榛鸡 >>

鸡形目 GALLIFORMES / 雉科 Phasianidae

学　名　*Tetrastes sewerzowi*
英文名　Chinese Grouse
地方名　松鸡子

鉴别特征　体长约33厘米而满布褐色横斑的松鸡。雄鸟具明显冠羽，眼后有一道白线，喉、颏黑色具白缘；上体多褐色横斑而带黑，下体密布黑色横斑；外侧尾羽近端黑而端白。雌雄相似，但雌鸟色暗，喉无白缘。

习性　栖息于山地森林草原和林缘灌丛地区，也出现于云杉林和赤杨林。除繁殖期外，多成群活动，极少鸣叫。主要以植物种子和昆虫为食。

分布　国家一级重点保护野生动物，近危。国内主要分布在青海、甘肃中部祁连山脉至四川北部。甘肃省内分布于祁连山中段、冷龙岭东段、甘南山地。

（保护区红外相机摄）　　　　　（保护区红外相机摄）

（王心蕊摄）

红喉雉鹑 >>

鸡形目 GALLIFORMES / 雉科 Phasianidae

学　名 *Tetraophasis obscurus*
英文名 Chestnut-throated Partridge
地方名 锈胸鸡

鉴别特征　体长约48厘米的灰褐色鹑类。眼周裸皮猩红色，胸灰色具黑色细纹。与四川雉鹑的区别在于喉块栗色且外缘近白。

习性　善于行走、奔跑和滑翔，但飞翔能力较差，一般很少起飞。性情胆怯怕人，休息时多躲避在灌丛中。主要取食植物的球茎、块根、草叶、花、种子以及少量昆虫。

分布　国家一级重点保护野生动物，易危。国内见于四川岷山、邛崃山及沿青海－甘肃边境祁连山的多岩山地。甘肃省内见于文县、康县、祁连山和甘南。

（保护区红外相机摄）

大石鸡 >>

鸡形目　GALLIFORMES / 雉科　Phasianidae

学　名　*Alectoris magna*
英文名　Rusty-necklaced Partridge
地方名　嘎啦鸡

鉴别特征　体长约38厘米。极似石鸡但体型略大而多黄色。下脸部、颏及喉上的白色块外缘有一黑线如石鸡，但另有一特征性栗色线。尾下覆羽多沾黄。眼周裸皮绯红。

习性　地栖性鸟类，脚健而善走，广食性。不受惊时，通常不飞。常沿山坡向上走，倘发现山下敌害，则向山上急奔，边走边叫，互相召唤，以示警戒。

分布　近危。国内分布于青海东部至宁夏六盘山一带的山地及丘陵地带。甘肃省内分布于六盘山以西、定西、兰州、临夏、天水和武威地区北部。

（赵伟摄）　　　　　　　　　　　　　　（赵伟摄）

斑翅山鹑 >>

鸡形目 GALLIFORMES / 雉科 Phasianidae
学　名 *Perdix dauuricae*
英文名 Daurian Partridge
地方名 斑翅

 鉴别特征　体长约28厘米的灰褐色鹑类。雄鸟脸、喉中部及腹部橘黄色，腹中部有一倒"U"字形黑色斑块，喉部橘黄色延至腹部，喉部有羽须。雌鸟胸部无橘黄色及黑色，但有"羽须"。

习性　繁殖鸟以家族群育幼。被赶时同时起飞。喜有矮草的开阔原野，尤其是农田。

分布　甚常见。国内广布于西北、东北、华北等地。甘肃省内见于西部、中部、东部和西北部。

（赵伟摄）

高原山鹑 >>

鸡形目　GALLIFORMES / 雉科　Phasianidae

学　名　*Perdix hodgsoniae*
英文名　Tibetan Partridge
地方名　山鸡子

鉴别特征　体长约28厘米的灰褐色鹑类。具醒目的白色眉纹和特有的栗色颈圈，眼下脸侧有黑色点斑。上体黑色横纹密布，外侧尾羽棕褐色。下体显黄白，胸部具很宽的黑色鳞状斑纹并至体侧。

习性　喜海拔2800～5200米具稀疏灌丛的多岩山坡，多以10～15只鸟为群活动。不喜飞行，被驱赶时多三三两两散开向山下跑至安全处。

分布　较常见留鸟。国内分布于新疆、青海、西藏、青海、云南、甘肃和四川等地。甘肃省内分布于祁连山地和冷龙岭，沿甘青省界山脉至甘南玛曲。

（龚大洁摄）

血雉 >>

| 鸡形目 | GALLIFORMES / 雉科 | Phasianidae |

学　名　*Ithaginis cruentus*
英文名　Blood Pheasant
地方名　血鸡

鉴别特征　体长约46厘米，似鹑类，具矛状长羽，冠羽蓬松，脸与腿猩红，翼及尾沾红。头近黑，具近白色冠羽及白色细纹。上体多灰带白色细纹，下体沾绿色。胸部红色多变。雌鸟色暗且单一，胸为皮黄色。诸多亚种羽色细节上有异。

习性　喜集群，几只至几十只不等。活动时常有雄鸟担任警卫，一般不起飞，主要通过迅速奔跑和藏匿来逃避敌害。主食植物，兼食少量甲虫。

分布　国家二级重点保护野生动物，近危。国内分布于西藏、四川、云南北部、青海和陕西。甘肃省内分布于陇南山地、甘南和祁连山区。

（保护区红外相机摄）　　　　　　　　　　　　　　　　　（保护区红外相机摄）

蓝马鸡 >>

鸡形目　GALLIFORMES / 雉科　Phasianidae

学　名　*Crossoptilon auritum*
英文名　Blue Eared Pheasant
地方名　马鸡

鉴别特征　体长约95厘米的蓝灰色马鸡。具黑色天鹅绒式头盖，猩红色眼周裸皮及白色髭须延长成耳羽簇。枕后有一近白色横斑。尾羽弯曲，丝状中心尾羽灰色，与紫蓝色外侧尾羽成对比。

习性　喜10～30只成群活动，主食植物，偶食昆虫等。早晚活跃，主要以植物性食物为主，边吃边叫，其声粗而洪亮；夜间跳到枝叶茂盛的树上休息。

分布　国家二级重点保护野生动物，近危。国内分布于内蒙古自治区、宁夏回族自治区、甘肃省、青海省及四川省。甘肃省内分布于祁连山、甘南高原、天水、武都地区。保护区林下分布数量较多。

（赵伟摄）　　　　　　　　　　　　（保护区红外相机摄）

环颈雉 >>

鸡形目 GALLIFORMES / **雉科** Phasianidae

学　名 *Phasianus colchicus*
英文名 Common Pheasant
地方名 野鸡

鉴别特征 雄鸟体长约85厘米，头部具黑色光泽，有显眼的耳羽簇，宽大的眼周裸皮鲜红色。满身点缀着发光羽毛，从墨绿色至铜色至金色；两翼灰色，尾长而尖，褐色并带黑色横纹。雌鸟体长约60厘米而色暗淡，周身密布浅褐色斑纹。

习性 栖息于中、低山丘陵的灌丛、竹丛或草丛中。善走而不能久飞，飞行快速而有力。喜食谷类、浆果、种子和昆虫。

分布 常见留鸟。国内除羌塘高原和海南岛外，几乎遍布全国各省（自治区、直辖市）。在甘肃省内遍布全境。

（杨霁琴摄）

（赵伟摄）

雁形目 ANSERIFORMES

1科7属10种

灰雁 >>

雁形目 ANSERIFORMES / **鸭科** Anatidae

学　名 *Anser anser*
英文名 Greylag Goose
地方名 大雁

鉴别特征　体长约76厘米的灰褐色雁。以粉红色的嘴和脚为本种特征。嘴基无白色。上体体羽灰色而羽缘白色，使上体具扇贝形图纹。胸浅烟褐色，尾上及尾下覆羽均白色。飞行中浅色的翼前区与飞羽的暗色成对比。

习性　栖居于疏树草原、沼泽及湖泊。平时成对或小群活动，取食于矮草地及农耕地。以杂草及其种子为食，兼食小虾、螺和昆虫。

分布　繁殖于中国北方大部，结小群在中国南部及中部的湖泊越冬。甘肃省内见于卓尼、碌曲、玛曲、天祝、武威、张掖、酒泉。

（赵伟摄）　　　　　　　　　　　　　　　　　　　（赵伟摄）

大天鹅 >>

雁形目 ANSERIFORMES / **鸭科** Anatidae

学　名　*Cygnus cygnus*
英文名　Whooper Swan
地方名　白天鹅

鉴别特征　体型高大，体长约155厘米的白色天鹅。嘴大部分黑色，嘴基（鼻孔以后）有大片黄色，两侧黄色延至上喙侧缘成尖。颈细长，在水面上经常向上直伸。跗蹠、蹼及爪黑色。

习性　栖息于芦苇丛生的开阔水域或大面积湖泊、水库明水区。水面漂浮时颈呈"S"状，受惊时向上直伸。南迁时多组成小群，排成"一"字或"人"字。成鸟取食水生植物茎叶和种子，兼食少量无脊椎动物。

分布　国家二级重点保护野生动物，近危。繁殖于我国北方湖泊的苇地，结群南迁越冬。甘肃省内东起天水、庆阳，西到阿克塞；北起靖远，南到武都、玛曲。

（龚大洁摄）

赤麻鸭 >>

雁形目 ANSERIFORMES / 鸭科 Anatidae

学　名 *Tadorna ferruginea*
英文名 Ruddy Shelduck
地方名 黄鸭

鉴别特征 体长约63厘米的橙栗色鸭类。头皮黄色，外形似雁。雄鸟夏季有狭窄的黑色领圈。飞行时白色的翅上覆羽及铜绿色翼镜明显可见。嘴和腿黑色。

习性 多营内陆淡水生活，见于山区小溪旁，高山草原有水泊处，开阔水塘间，河岸、湖边及靠近绿洲的戈壁滩上。筑巢于近溪流、湖泊的洞穴。

分布 耐寒，广泛繁殖于中国东北和西北，越冬于中国中部和南部。国内除海南外见于各省（自治区、直辖市）。甘肃省内广泛分布。

（杨霁琴摄）　　　　　　　　　　　　　　　　　　　　　　　　　　（赵伟摄）

赤颈鸭 >>

雁形目 ANSERIFORMES / 鸭科 Anatidae

学　名　*Mareca penelope*
英文名　Eurasian Wigeon
地方名　红脖子鸭

鉴别特征　体长约47厘米的大头鸭。雄鸟头栗色，具皮黄色冠羽，头余部及颈大多棕红色；体羽多灰色，背、胁灰白色，密布褐色虫蠹状细斑，翼镜翠绿色，尾下覆羽黑色。雌鸟通体棕褐或灰褐色，翼镜暗灰褐色，下体近似雄鸟。

习性　与其他水鸟混群于湖泊、沼泽及河口地带。善于潜水，飞行时突然从起飞水面成直线而去，飞速疾，并发出响亮叫声。杂食性。

分布　地方性常见。国内广布于各省（自治区、直辖市）。繁殖于中国东北或西北，冬季迁至中国北纬35°以南包括台湾及海南的广大地区。甘肃省见于文县、舟曲、平凉、天水、兰州、玛曲。

（李萍摄）

绿头鸭 >>

雁形目 ANSERIFORMES / 鸭科 Anatidae

学　名 *Anas platyrhynchos*
英文名 Mallard
地方名 大绿头（雄）；大麻鸭（雌）

鉴别特征　体长约58厘米，为家鸭的野生型。雄鸟头及颈深绿色带光泽，白色颈环使头与栗色胸隔开，翼镜紫蓝色。雌鸟褐色斑纹，有深色的贯眼纹，翼镜同于雄鸟。

习性　多见于水生植物茂盛的湖泊、池塘及河口。性机警，受惊时发出警戒叫声，并远游或飞走。杂食性。

分布　地区性常见鸟。国内见于各省（自治区、直辖市）。繁殖于中国西北和东北，越冬于西藏西南及北纬40°以南的华中、华南广大地区，包括台湾。甘肃省内见于文县、舟曲、平凉、天水、武山、兰州、玛曲、酒泉。

（杨霁琴摄）

（杨霁琴摄）

斑嘴鸭 >>

雁形目 ANSERIFORMES / 鸭科 Anatidae

学　名 *Anas zonorhyncha*
英文名 Eastern Spot-billed Duck
地方名 野麻鸭

鉴别特征 体长约60厘米的深褐色鸭。头色浅，顶及眼线色深，嘴黑色而嘴端黄色，繁殖期黄色嘴端顶尖有一黑点为本种特征。全身体羽呈浓密扇贝形。白色的三级飞羽飞行时甚明显。翼镜金属蓝绿色具紫灰光泽。两性同色，但雌鸟色较暗淡。

习性 栖于湖泊、河流及沿海红树林和泻湖。性机警，受惊则远距离起飞，边飞边叫。杂食性。

分布 常见。国内见于各省（自治区、直辖市）。甘肃省内广泛分布。

（李萍摄）　　　　　　　　　　　　　　　　　　　　　　　　　　（杨霁琴摄）

白眼潜鸭 >>

雁形目 ANSERIFORMES / 鸭科 Anatidae

学　名 *Aythya nyroca*
英文名 Ferruginous Duck
地方名 白眼鸭

鉴别特征　体长约41厘米的全深色型鸭，仅眼及尾下羽白色。雄鸟头、颈、胸及两胁浓栗色，雌鸟暗烟褐色。飞行时，飞羽为白色带狭窄黑色后缘，两性翼镜均白色。

习性　栖居于沼泽及淡水湖泊。冬季也活动于河口及沿海泻湖。性怯生谨慎，成对或成小群。杂食性。

分布　国内繁殖于新疆西部及南部、内蒙古，偶见于西北地区。越冬于长江中游地区、云南西北部，迁徙时偶见于东北、华北等地。甘肃省内见于文县、平凉、兰州、卓尼。

（赵伟摄）

（赵伟摄）

凤头潜鸭 >>

雁形目 ANSERIFORMES / **鸭科** Anatidae

学　名　*Aythya fuligula*
英文名　Tufted Duck
地方名　凤头鸭子

鉴别特征　体长约42厘米，矮扁结实的鸭。头具特长羽冠。雄鸟黑色，腹部及体侧白色。雌鸟深褐色，有浅色脸颊斑，两肋褐色而羽冠短。飞行时二级飞羽呈白色带状。翼镜白色。

习性　常见于湖泊及深池塘，善于游泳和潜水，飞行迅速。杂食性。

分布　繁殖于中国东北，迁徙时经中国大部地区至华南包括台湾越冬。甘肃省内广泛分布。

（赵伟摄）

雌鸟（赵伟摄）

雄鸟（赵伟摄）

鹊鸭 >>

雁形目 ANSERIFORMES / **鸭科** Anatidae

学　名　*Bucephala clangula*
英文名　Common Goldeneye
地方名　喜鹊

鉴别特征　体长约48厘米的深色潜鸭。头大而高耸，眼金色。繁殖期雄鸟胸腹白色，次级飞羽极白；嘴基部具大的白色圆形点斑；头余部黑色闪绿光。雌鸟烟灰色，具近白色扇贝形纹；头褐色，无白色点或紫色光泽；通常具狭窄白色前颈环。

习性　喜在湖泊、沿海水域结群形成大片，与其他种类偶有混群。潜水取食，游泳时尾上翘。有时栖于陆上。以软体动物、小鱼为食。

分布　季节性旅鸟。繁殖于中国西北及黑龙江北部，迁徙时见于中国北方，越冬于中国南方包括台湾。甘肃省内见于文县、舟曲、兰州。

（廖继承摄）

普通秋沙鸭 >>

雁形目 ANSERIFORMES / **鸭科** Anatidae

学　名　*Mergus merganser*
英文名　Common Merganser
地方名　锯嘴鸭子

鉴别特征　体长约68厘米，细长的嘴具钩。繁殖期雄鸟头及背部绿黑，与光洁的乳白色胸部及下体成对比；飞行时翼白而外侧三极飞羽黑色；翼镜白色。雌鸟及非繁殖期雄鸟上体深灰色，下体浅灰色，头棕褐色而颏白色。

习性　喜结群活动于湖泊及湍急河流，单独或2~3只成群活动。潜水捕食鱼类。

分布　常见留鸟和季节性候鸟。繁殖于中国西北及东北，冬季迁徙至中国黄河以南大部分地区越冬。甘肃省内见于兰州、陇西、河西走廊。

雌鸟（杨霁琴摄）

雄鸟（天王沟保护站摄）

小鸊鷉 >>

鸊鷉目 PODICIPEDIFORMES / 鸊鷉科 Podicipedidae

学　名　*Tachybaptus ruficollis*
英文名　Little Grebe
地方名　水葫芦、王八鸭儿

鉴别特征　体长约27厘米而矮扁的深色鸊鷉，全身各羽呈绒毛状。繁殖羽：上体褐色，下体偏灰，喉及前颈偏红，头顶及颈背深灰褐色，具明显黄色嘴斑。非繁殖羽：上体灰褐色，下体白色。

习性　喜在清水及有丰富水生生物的湖泊、沼泽及涨过水的稻田栖息。通常单独或成分散小群活动。繁殖期在水上相互追逐并发出叫声。

分布　留鸟及部分候鸟。分布于中国各地包括台湾及海南岛。甘肃省内广泛分布。

（杨霁琴摄）　　　　　　　　　　　　　　　　　　　　　　　　　（杨霁琴摄）

凤头䴙䴘 >>

鹱䴘目 PODICIPEDIFORMES / 䴙䴘科 Podicipedidae

学　名 *Podiceps cristatus*
英文名 Great Crested Grebe
地方名 凤头王八鸭子

鉴别特征　体长约50厘米而外形优雅的䴙䴘。颈修长，具显著的深色羽冠，下体近白色，上体纯灰褐色，尾短。繁殖期成鸟颈背栗色，颈具鬃毛状饰羽。

习性　繁殖期成对做精湛的求偶炫耀，两相对视，身体高高挺起并同时点头，有时嘴上还衔着植物。杂食性。

分布　地区性常见鸟。国内除海南外见于各省（自治区、直辖市）较大湖泊。甘肃省内见于兰州。

（杨霁琴摄）

（杨霁琴摄）

鸽形目 COLUMBIFORMES

1科2属4种

岩鸽 >>

鸽形目 COLUMBIFORMES / 鸠鸽科　Columbidae

学　名　*Columba rupestris*
英文名　Hill Pigeon
地方名　鹁鸽

鉴别特征　体长约31厘米的灰色鸽。翼上具两道黑色横斑，腰部和尾部各有一道宽阔明显的白色斑，颈胸部渲染紫绿色金属光泽。

习性　群栖多峭壁崖洞的岩崖地带，以植物种子和幼苗为食。

分布　常见留鸟及季候鸟。国内分布区遍及东北、华东、华北至西北和西南各地。甘肃省分布于从陇东、天水至定西、兰州、河西走廊、陇西和甘南等地。

（赵伟摄）　　　　　　　　　　　　　　　　　　　　　　　　（赵伟摄）

山斑鸠 >>

鸽形目 COLUMBIFORMES / **鸠鸽科** Columbidae

学　名　*Streptopelia orientalis*
英文名　Oriental Turtle Dove
地方名　咕咕等

鉴别特征　体长约32厘米的偏粉色斑鸠，颈侧有明显黑白色条纹的块状斑。上体具深色扇贝形斑纹，腰灰色，尾羽近黑色，尾梢浅灰色。下体多偏粉色，脚红色。

习性　常成对或成小群活动，十分活跃，常小步迅速前进，边走边觅食，头前后摆动。主要吃各种植物的果实、种子、幼芽。

分布　常见且分布广泛。国内见于各省（自治区、直辖市）。春季成大群途经中国南部。甘肃省内分布于陇东、平凉、定西、兰州、天水、甘南、陇南及河西走廊。

（赵伟摄）　　　　　　　　　　　　　　　　　　　　　　　（王心蕊摄）

灰斑鸠 >>

鸽形目 COLUMBIFORMES / **鸠鸽科** Columbidae

学　名　*Streptopelia decaocto*
英文名　Eurasian Collared Dove

鉴别特征　体长约32厘米的褐灰色斑鸠。其明显特征为后颈具黑白色半领圈，外侧尾羽深灰色具白色端斑。

习性　常在农田及村庄附近的房子、电杆及电线上停留。通常营巢于小树上或灌丛中，也在房舍和庭园果树上营巢。

分布　常见。国内分布于东北、华北、华东、西北及东南沿海等地。甘肃省内除阿克塞、肃北、肃南外均可见到。

（赵伟摄）　　　　　　　　　　　　　　　　　　　　　　　　　　　（赵伟摄）

珠颈斑鸠 >>

鸽形目 COLUMBIFORMES / **鸠鸽科** Columbidae

学　名　*Streptopelia chinensis*
英文名　Spotted Dove
地方名　花脖咕咕等

鉴别特征　体长约30厘米的粉褐色斑鸠。明显特征为颈侧满是白点的黑色块斑。尾略显长，外侧尾羽前端的白色甚宽，飞羽较体羽色深。

习性　与人类共生，栖于村庄周围及稻田，地面取食，常成对立于开阔路面。主食植物种子，特别是农作物种子。

分布　常见留鸟。国内见于西北、华北、华东、华中及东南沿海各地开阔的低地及村庄。甘肃省内见于陇东、平凉、天水、兰州、陇南等地区。

（杨霁琴摄）

夜鹰目 CAPRIMULGIFORMES

2科2属3种

普通夜鹰 >>

夜鹰目	CAPRIMULGIFORMES / 夜鹰科 Caprimulgidae
学　名	*Caprimulgus indicus*
英文名	Grey Nightjar
地方名	贴树皮

鉴别特征 体长约28厘米的偏灰色夜鹰。上体灰褐色杂以暗褐色虫蠹状斑，下体呈黑褐色和棕白色横斑相间状。前四枚初级飞羽具白色横斑，外侧四对尾羽具白色斑纹。

习性 喜甚开阔的山区森林及灌丛，白天栖于地面或横枝，营巢于林中树下或灌木旁边地上。以昆虫为食。

分布 国内除新疆、青海外见于各省（自治区、直辖市）。繁殖于华东和华南的绝大多数地区、西藏东南部。甘肃省内见于武山、天祝、文县。

（齐硕摄）　　　　　　　　　　　　　　　　　　　　　　　　（齐硕摄）

普通雨燕 >>

夜鹰目 CAPRIMULGIFORMES / **雨燕科** Apodidae

学　名 *Apus apus*
英文名 Common Swift
地方名 麻燕

鉴别特征 头和上体黑褐色，头顶和背羽色较深暗，并略具光泽；余部暗褐色，腹部羽缘缀以白色。两翅狭长，呈镰刀状，尾叉状。颏、喉灰白色。

习性 为季节性夏候鸟，常成群在一起营巢繁殖。白天常成群在空中飞翔捕食。主要以昆虫为食，特别是飞行性昆虫。

分布 国内见于东北、华北、华东、西北、西藏和青海等地。甘肃省内见于东部、河西走廊和南部地区。

（赵伟摄）　　　　　　　　　　　　　　　　　　（赵伟摄）

白腰雨燕 >>

夜鹰目 CAPRIMULGIFORMES / 雨燕科 Apodidae

学　名 *Apus pacificus*
英文名 Fork-tailed Swift
地方名 白腰麻燕

鉴别特征　体长约18厘米的污褐色雨燕。外形似普通雨燕，尾长而尾叉深，颏偏白，腰上有白斑。

习性　成群活动于开阔地区，常常与其他雨燕混合。成群营巢于临近河边和悬崖峭壁裂缝中。以各种昆虫为食，在飞行中捕食。

分布　国内广泛分布于东北、华北、华东、西北、青藏高原及东南沿海等地。甘肃省内见于兰州、陇东、陇南、陇东南部和中部、河西走廊。

（赵伟摄）　　　　　　　　　　　　　　　　　　（赵伟摄）

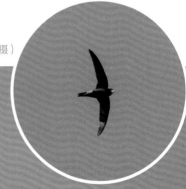

鹃形目 CUCULIFORMES

1科1属1种

大杜鹃 >>

鹃形目 CUCULIFORMES / 杜鹃科 Cuculidae

学　名 *Cuculus canorus*
英文名 Common Cuckoo
地方名 布谷鸟

鉴别特征　体长约32厘米的杜鹃。上体灰色，尾偏黑色，腹部近白而具黑色横斑。"棕红色"变异型雌鸟为棕色，背部具黑色横斑。栖息时两翅下垂。

习性　巢寄生性鸟类，喜开阔的有林地带及大片芦苇地，有时停在电线上找寻寄主的巢。

分布　常见。夏季繁殖于中国大部分地区。甘肃省内除高寒山区外几乎遍布全省。

（赵伟摄）　　　　　　　　　　　　　　　　　　　　　　　　　　　（赵伟摄）

鹤形目 GRUIFORMES

1科1属1种

普通秧鸡 >>

鹤形目 GRUIFORMES / 秧鸡科 Rallidae

学　名 *Rallus indicus*
英文名 Brown-cheeked Rail
地方名 秧鸡子

鉴别特征 体长约29厘米的暗深色秧鸡。上体多纵纹，头顶褐色，脸灰色，眉纹浅灰色而眼线深灰色。颏白色，颈及胸灰色，两胁具黑白色横斑。

习性 性羞怯。栖于水田、浅水植被茂密处、湖泊、沼泽及红树林。

分布 国内除新疆、西藏、海南外见于各省（自治区，直辖市）。甘肃省内分布于陇东、天水、兰州、陇南和河西走廊等地。

（龚大洁摄）

鸻形目 CHARADRIIFORMES

5科7属9种

鹮嘴鹬 >>

鸻形目 CHARADRIIFORMES / 鹮嘴鹬科 Ibidorhynchidae

学　名 *Ibidorhyncha struthersii*
英文名 Ibisbill
地方名 溪　喽

鉴别特征　体长约40厘米的灰、黑及白色鹬。腿及嘴红色，嘴长且下弯。一道黑白色的横带将灰色的上胸与其白色的下部隔开。翼下白色，翼上中心具大片白色斑。

习性　山地留鸟，栖于多石头、流速快的河流林缘。炫耀时姿势下蹲，头前伸，黑色顶冠的后部耸起。主食昆虫和小鱼。

分布　近危，罕见地方性留鸟。国内见于西北、东北、华北及西南等地。甘肃省内分布于武威、天祝、武山、天水、武都。

（杨霁琴摄）　　　　　　　　　　　　　　　　　　　　　　　　　　　　（杨霁琴摄）

黑翅长脚鹬 >>

鸻形目　CHARADRIIFORMES / 反嘴鹬科　Recurvirostridae

学　名　*Himantopus himantopus*
英文名　Black-winged Stilt
地方名　黑翅高跷

鉴别特征　高挑、修长（体长约37厘米）的黑白色涉禽。黑色细长的嘴和红色长长的腿为本种识别特征。两翼黑色，体羽白色，颈背具黑色斑块。

习性　喜沿海浅水及淡水沼泽地。行走时抬脚较高，不远飞，常集群活动。主食昆虫、蛙卵、幼蛙等。

分布　国内广泛分布于各省（自治区、直辖市）。甘肃省内见于黑河、武威、兰州、卓尼、碌曲、天水、文县。

（赵伟摄）　　　　　　　　　　　　　　　　　　　　　　　　　（赵伟摄）

凤头麦鸡 >>

鸻形目 CHARADRIIFORMES / 鸻科 Charadriidae

学　名　*Vanellus vanellus*
英文名　Northern Lapwing
地方名　子

鉴别特征　体长约30厘米的黑白色麦鸡。具长窄的黑色反翻型羽冠。上体具绿黑色金属光泽；上胸具有以黑色宽横带；腹白色；尾白色而具宽的黑色次端带。

习性　喜耕地、稻田或矮草地。单只或成群活动，以鱼虾、蠕虫和昆虫为食。

分布　常见。国内广泛分布于各省（自治区、直辖市）。甘肃省内广泛分布。

（宋森摄）

（宋森摄）

金眶鸻 >>

鸻形目 CHARADRIIFORMES / 鸻科 Charadriidae

学　名 *Charadrius dubius*
英文名 Little Ringed Plover
地方名 金眼圈

鉴别特征 体长约16厘米的黑、灰及白色鸻。嘴短，具黑或褐色的全胸带，腿黄色，黄色眼圈明显，飞行时翼上无白色横纹。

习性 见于沿溪流及河流的沙洲、沼泽地带及沿海滩涂。行动敏捷，主食昆虫。

分布 地方性常见。国内见于各省（自治区、直辖市）。甘肃省内繁殖于从兰州至西北部，以及武都地区，迁徙时见于全省。

（赵伟摄）

（赵伟摄）

环颈鸻 >>

鸻形目 CHARADRIIFORMES / 鸻科 Charadriidae

学　名 *Charadrius alexandrinus*
英文名 Kentish Plover
地方名 白领

鉴别特征　体长约15厘米而嘴短的褐色及白色鸻。腿黑色，飞行时具白色翼上横纹，尾羽外侧更白。雄鸟胸侧具黑色块斑；雌鸟此块斑为褐色。

习性　单独或成小群进食，常与其余涉禽混群于海滩或近海岸的多沙草地，也于河流漫滩及湖边沙地活动。

分布　繁殖于中国西北及中北部；越冬于四川、贵州、云南西北部及东南沿海地区。甘肃省内见于酒泉、兰州、卓尼、文县。

（赵伟摄）　　　　　　　　　　　　　　　　　　　　　　（赵伟摄）

红脚鹬 >>

鸻形目　CHARADRIIFORMES / 鹬科　Scolopacidae

学　名　*Tringa totanus*
英文名　Common Redshank
地方名　红脚水扎子

鉴别特征　体长约28厘米。腿橙红色，嘴基半部为红色。上体褐灰色，下体白色，胸具褐色纵纹。飞行时腰部白色明显，次级飞羽具明显白色外缘。尾上具黑白色细斑。

习性　喜泥岸、海滩、盐田、干涸的沼泽及鱼塘、近海稻田。通常结小群活动，杂食性。

分布　常见。繁殖于中国西北、青藏高原及内蒙古东部，迁徙时见于东北、华北、华南大部分地区。甘肃省内在甘南、兰州及西北部繁殖，迁徙路过庆阳、平凉、天水、武都等地。

（赵伟摄）

白腰草鹬 >>

鸻形目 CHARADRIIFORMES / 鹬科 Scolopacidae
学　名 *Tringa ochropus*
英文名 Green Sandpiper
地方名 白腰水扎子

鉴别特征　体长20～24厘米的黑白两色涉禽。上体黑褐色具白色斑点，白色眉纹仅限于眼先，与白色眼周相连，极为醒目。飞行时脚伸至尾后，黑色的下翼、白色的腰部以及尾部的横斑极显著。

习性　常见旅鸟，迁飞时常成群活动于水边或沼泽地。主食水生无脊椎动物。

分布　常见。国内广泛分布于各省（自治区、直辖市）。迁徙时常见于中国大部地区。

（赵伟摄）

棕头鸥 >>

鸻形目　CHARADRIIFORMES / 鸥科　Laridae

学　名　*Chroicocephalus brunnicephalus*
英文名　Brown-headed Gull
地方名　黑头钓鱼郎

鉴别特征　体长约42厘米的白色鸥。背灰色，初级飞羽基部具大块白斑，黑色翼尖具白色点斑为本种识别特征。越冬鸟眼后具深褐块斑。夏鸟头及颈褐色。

习性　栖于高原湖泊岸边，或湖心滩。常在水面游泳，集群。主食鱼类。

分布　国内见于从北京、天津西至新疆、西藏、青海，以及云南、四川、浙江等地。甘肃省内见于玛曲、兰州、黑河。

（凌霄摄）　　　　　　　　　　　　　　　　　　　　　　　　　　　（凌霄摄）

普通燕鸥 >>

鸻形目	CHARADRIIFORMES / 鸥科 Laridae
学　名	*Sterna hirundo*
英文名	Common Tern
地方名	叨鱼郎

鉴别特征　体长约35厘米，头顶黑色的燕鸥。尾深叉型。繁殖期：整个头顶黑色，胸灰色。非繁殖期：上翼及背灰色，尾上覆羽、腰及尾白色，额白色，头顶具黑色及白色杂斑，颈背最黑，下体白色。

习性　喜沿海水域，有时在内陆淡水区栖息。一般单独或小群活动，常在水面上空翱翔，飞行快速。主食小鱼、昆虫和蜥蜴。

分布　常见。广泛分布于我国西北、东北、华北、华东、青藏高原及东南沿海等地。甘肃省内见于兰州、甘南、金塔、玉门和张掖。

（赵伟摄）

（赵伟摄）

鹳形目 CICONIIFORMES

1科1属1种

黑鹳 >>	鹳形目 CICONIIFORMES / 鹳科 Ciconiidae
	学　名 *Ciconia nigra*
	英文名 Black Stork
	地方名 老鹳

鉴别特征　体大（体长约100厘米）的黑色鹳。下胸、腹部及尾下白色，嘴及腿红色。黑色部位具绿色和紫色的光泽。飞行时翼下黑色，仅三级飞羽及次级飞羽内侧白色。眼周裸露皮肤红色。

习性　栖于沼泽地区、池塘、湖泊、河流沿岸及河口。性惧人。冬季有时结小群活动。杂食性，主食鱼类、林蛙及水生昆虫。

分布　国家一级重点保护野生动物，易危。国内除西藏外见于各省（自治区、直辖市）。甘肃省内分布于陇东、平凉、天水、武都、兰州、玛曲、河西走廊。

（张喜春摄）

鹈形目 PELECANIFORMES

1科2属2种

黄苇鳽 >>

鹈形目 PELECANIFORMES / 鹭科 Ardeidae

学　名 *Lxobrychus sinensis*
英文名 Yellow Bittern
地方名 小水骆驼

鉴别特征　体长约32厘米的皮黄色及黑色苇鳽。顶冠黑色，上体淡黄褐色，下体皮黄色，黑色的飞羽与皮黄色的覆羽成强烈对比。

习性　栖息于河滩、沼泽及水道边的浓密芦苇丛或蒲草丛，主食水生昆虫及小鱼。

分布　常见湿地鸟。国内除新疆、西藏、青海外见于各省（自治区、直辖市）。甘肃省内见于兰州、武威。

（赵伟摄）

苍鹭 >>

鹈形目 PELECANIFORMES / **鹭科** Ardeidae

学　名　*Ardea cinerea*
英文名　Grey Heron
地方名　青桩、老等

鉴别特征　体长约92厘米的白、灰及黑色鹭。贯眼纹及冠羽黑色，飞羽、翼角及两道胸斑黑色，头、颈、胸及背白色，颈具黑色纵纹，余部灰色。

习性　性孤僻。在河流、湖漫滩及沼泽浅水中捕食，常凝视水面，良久不动。主食小鱼、水生昆虫及两栖类。

分布　常见留鸟。国内广泛分布于各省（自治区、直辖市）。甘肃省内东至天水，西抵张掖，南至文县，西南至碌曲，以及兰州均有分布。

（赵伟摄）　　　　　　　　　　　　　　　　　　　　（赵伟摄）

鹰形目 ACCIPITRIFORMES

1科5属6种

高山兀鹫 >>

鹰形目 ACCIPITRIFORMES / 鹰科 Accipitridae

学　名　*Gyps himalayensis*
英文名　Himalayan Vulture
地方名　秃鹫

鉴别特征　体长约120厘米的浅土黄色鹫。下体具白色纵纹，头及颈略被白色绒羽，具皮黄色的松软领羽。初级飞羽黑色。飞行缓慢，翼尖而长，略向上扬。

习性　通常于高空翱翔，有时结小群活动，或停栖于多岩峭壁。主要以腐肉和尸体为食，一般不攻击活物。

分布　国家二级重点保护野生动物，近危。见于喜马拉雅山脉部分地区、青藏高原、中国西部及中部高海拔环境。甘肃省内见于文县、舟曲、卓尼、碌曲、武威等河西地区。

（王心蕊摄）　　　　　　　　　　　　　　　　　　　　　　　　　　（赵伟摄）

金雕 >>

鹰形目 ACCIPITRIFORMES / 鹰科 Accipitridae

学　名 *Aquila chrysaetos*
英文名 Golden Eagle
地方名 红头雕

鉴别特征　体长约85厘米的浓褐色雕。头具金色羽冠，嘴巨大。飞行时腰部白色明显可见。尾长而圆，两翼呈浅"V"形。

习性　栖于崎岖干旱平原、岩崖山区及开阔原野。随暖气流作壮观的高空翱翔。捕食雉类、土拨鼠及其他哺乳动物。

分布　国家一级重点保护野生动物，易危。国内除广西、海南、台湾外见于各省（自治区、直辖市）。甘肃省内见于武都、文县、兰州、甘南、河西等地。

（冶占苍摄）

亚成鸟（刘佳庆摄）

松雀鹰 >>

鹰形目 ACCIPITRIFORMES / **鹰科** Accipitridae

学　名　*Accipiter virgatus*
英文名　Besra
地方名　摆胸

鉴别特征 体长约33厘米的深色鹰。雄鸟上体深灰色，尾具粗横斑，下体白色，两胁棕色且具褐色横斑，喉白色而具黑色喉中线，有黑色髭纹。雌鸟两胁棕色少，下体多具红褐色横斑，尾褐色而具深色横纹。

习性 多单独活动于山边林间，在林间静立伺机找寻爬行类或鸟类猎物。

分布 国家二级重点保护野生动物。国内广布于除华中地区以外的海拔300～1200米的多林丘陵山地，但不多见。甘肃省内广泛分布。

（龚大洁摄）

雀鹰 >>

鹰形目　ACCIPITRIFORMES / 鹰科　Accipitridae

学　名　*Accipiter nisus*
英文名　Eurasian Sparrowhawk
地方名　鹞子

鉴别特征　中等体型（雄鸟体长约32厘米，雌鸟体长约38厘米）而翼短的鹰。雄鸟上体褐灰色，下体白色具棕色横斑，尾具横带，脸颊棕色为识别特征。雌鸟体型较大，上体褐色，下体白色，胸、腹部及腿上具灰褐色横斑，脸颊棕色较少。

习性　非繁殖季节常单独活动，从栖处或"伏击"飞行中捕食，喜林缘或开阔林区。

分布　国家二级重点保护野生动物，为常见森林鸟类。国内广泛分布于各省（自治区、直辖市）。甘肃省内广泛分布。

（赵伟摄）

黑鸢 >>

鹰形目 ACCIPITRIFORMES / 鹰科 Accipitridae

学　名 *Milvus migrans*
英文名 Black Kite
地方名 老鹰

鉴别特征　体长约55厘米的深褐色猛禽。浅叉型尾为本种识别特征。飞行时初级飞羽基部浅色斑与近黑色的翼尖成对比。头有时比背色浅。

习性　白天活动，常单独在高空飞翔，秋季亦呈小群。性机警，通常呈圈状盘旋翱翔，边飞边鸣。主要食小鸟、鼠类、蛇、蛙、鱼、野兔、蜥蜴和昆虫等。

分布　国家二级重点保护野生动物。国内广泛分布于各省（自治区、直辖市）。甘肃省内遍布全省。

（赵伟摄）

普通鵟 >>

鹰形目 ACCIPITRIFORMES / **鹰科** Accipitridae

学　名 *Buteo japonicus*
英文名 Eastern Buzzard
地方名 鸽虎

鉴别特征 　体长约55厘米的红褐色鵟。上体深红褐色；脸侧皮黄色具近红色细纹，栗色的髭纹显著；下体偏白上具棕色纵纹，两胁及大腿沾棕色。飞行时两翼宽而圆，初级飞羽基部具特征性白色块斑。尾近端处常具黑色横纹。在高空翱翔时两翼略呈"∨"形。

习性 　喜开阔原野且在空中热气流上高高翱翔，在裸露树枝上歇息。飞行时常停在空中振羽。

分布 　国家二级重点保护野生动物，甚常见。国内见于各省（自治区、直辖市）。甘肃省内见于陇东庆阳、平凉、兰州及河西地区。

（赵伟摄）　　　　　　　　　　　　　　　　　　　　　　　　　　　　　　　（赵伟摄）

鸮形目 STRIGIFORMES

1科3属3种

雕鸮 >>	鸮形目 STRIGIFORMES / 鸱鸮科 Strigidae
	学　名　*Bubo bubo*
	英文名　Eurasian Eagle-owl
	地方名　恨狐、猫头鹰

鉴别特征　体长约69厘米的鸮类。耳羽簇长，橘黄色的眼特显形大。体羽褐色斑驳。胸部片黄色，多具深褐色纵纹且每片羽毛均具褐色横斑。羽延伸至趾。

习性　夜行性，通常远离人群，除繁殖期外常单独活动。白天多躲藏在密林中栖息，缩颈闭目栖于树上。飞行慢而无声，通常贴地低空飞行。以各种鼠类为主要食物。

分布　国家二级重点保护野生动物，近危。国内广泛分布于海南、台湾以外地区。甘肃省内分布于天水、武山、兰州、武都、甘南、祁连山。

（龚大洁摄）　　　　　　　　　　　　　　　　　　　　　　（杨霁琴摄）

纵纹腹小鸮 >>

鸮形目　STRIGIFORMES / 鸱鸮科　Strigidae
学　名　*Athene noctua*
英文名　Little Owl
地方名　鸱鸮子

鉴别特征　体长约23厘米而无耳羽簇的鸮鸟。头顶平，眼亮黄色而长凝。浅色的平眉及宽阔的白色髭纹使其看似狰狞。上体褐色，具白色纵纹及点斑。下体白色，具褐色杂斑及纵纹。

习性　部分地昼行性。矮胖而好奇，常有节奏地点头或转动。有时以长腿高高站起，常立于篱笆及电线上。以昆虫和鼠类为食。

分布　国家二级重点保护野生动物。广布于中国北方及西部的大多数地区。甘肃省内见于河西走廊祁连山东段、甘南、兰州、武山、陇东、平凉。

（赵伟摄）　　　　　　　　　　　　　　　　　　（赵伟摄）

短耳鸮 >>

鸮形目 STRIGIFORMES / 鸱鸮科 Strigidae

学　名 *Asio flammeus*
英文名 Short-eared Owl
地方名 猫头鹰

鉴别特征 体长约38厘米的黄褐色鸮。翼长，面盘显著，短小的耳羽簇于野外不可见，眼为光艳的黄色，眼圈暗色。上体黄褐色，满布黑色和皮黄色纵纹；下体皮黄色，具深褐色纵纹。飞行时黑色的腕斑显而易见。

习性 喜有草的开阔地。主要以鼠类为食，偶尔也吃植物果实和种子。

分布 国家二级重点保护野生动物，近危。广泛分布于国内各省（自治区、直辖市）。甘肃省内见于甘南、文县、河西走廊。

（龚大洁摄）

（张文柳摄）

犀鸟目 BUCEROTIFORMES

1科1属1种

戴胜 >>

犀鸟目 BUCEROTIFORMES / 戴胜科 Upupidae

学　名 *Upupa epops*
英文名 Common Hoopoe
地方名 沙和尚、臭姑鸪

鉴别特征 体长约30厘米，色彩鲜明的鸟类。嘴长且下弯，头顶具长而尖黑的耸立型粉棕色丝状冠羽。头、上背、肩及下体粉棕色，两翼及尾具黑白相间的条纹。

习性 性活泼，喜开阔潮湿地面，受惊时冠羽立起，起飞后松懈下来。主要以昆虫和幼虫为食。

分布 常见留鸟和候鸟。广泛分布于国内各省（自治区、直辖市）。甘肃省内见于陇南、天水、兰州、武山、临洮、天祝、碌曲和阿克塞。

（王心蕊摄）

普通翠鸟 >>

佛法僧目 CORACIIFORMES / 翠鸟科 Alcedinidae

学　名 *Alcedo atthis*
英文名 Common Kingfisher
地方名 鱼狗

鉴别特征 体长约15厘米，具亮蓝色及棕色的翠鸟。上体金属浅蓝绿色，颈侧具白色点斑；下体橙棕色，颏白色。橘黄色条带横贯眼部及耳羽为本种主要识别特征。

习性 常出没于开阔郊野的淡水湖泊、溪流、运河、鱼塘及红树林。栖于岩石或探出的枝头上，转头四顾寻鱼。

分布 广泛分布于国内各省（自治区、直辖市）。甘肃省内见于宁县、华池、合水、泾川、平凉、兰州、武山、康县、文县等地。

（赵伟摄）

啄木鸟目 PICIFORMES

1科3属3种

大斑啄木鸟 >>

啄木鸟目 PICIFORMES / 啄木鸟科 Picidae

学　名 *Dendrocopos major*
英文名 Great Spotted Woodpecker
地方名 花打木

鉴别特征　体长约24厘米的黑白相间的啄木鸟。雄鸟枕部具狭窄红色带而雌鸟无。两性臀部均为红色，但带黑色纵纹的近白色胸部上无红色或橙红色。

习性　喜树洞营巢，食昆虫及树皮下的蛴螬。

分布　在中国为分布最广泛的啄木鸟，见于各省（自治区、直辖市）。甘肃省内见于陇东、兰州、陇南、迭部、河西走廊等地。

（杨霁琴摄）

黑啄木鸟 >>

啄木鸟目　PICIFORMES / 啄木鸟科　Picidae

学　名　*Dryocopus martius*
英文名　Black Woodpecker
地方名　大黑打木

鉴别特征　体长约46厘米的全黑啄木鸟。嘴黄色而顶红色，雌鸟仅后顶红色。极易识别。

习性　营巢于高大死树或枯立木上的树洞中。非繁殖期单独行动，繁殖期成对。主食蚂蚁，进食时挖洞很大。

分布　国内分布于西北、东北北方针叶林中，青海、西藏、甘肃、四川及云南的青藏高原东部亚高山针叶林中。甘肃省内见于天祝、卓尼。

（种峰林摄）

（杨霁琴摄）

灰头绿啄木鸟 >>

啄木鸟目　PICIFORMES / 啄木鸟科　Picidae

学　名　*Picus canus*
英文名　Grey-headed Woodpecker
地方名　绿打木

鉴别特征　体长约27厘米的绿色啄木鸟。下体全灰色，颊及喉亦灰色，嘴相对短而钝。雄鸟前顶冠猩红色，眼先及狭窄颊纹黑色，枕及尾黑色。雌鸟顶冠灰色而无红斑。

习性　常单独或成对活动，常出现于路旁、农田地边疏林。飞行迅速，成波浪式前进。常在树干的中下部取食，也常在地面取食。主要以昆虫为食。

分布　国内分布自东北到华北、华中、华南、台湾，西及新疆、西藏。甘肃省内广泛分布。

（赵伟摄）　　　　　　　　　　　　　　　　　（赵伟摄）

隼形目 FALCONIFORMES

1科1属2种

红隼 >>

隼形目 FALCONIFORMES / **隼科** Falconidae

学　名 *Falco tinnunculus*
英文名 Common Kestrel
地方名 红鹞子

鉴别特征　体长约33厘米的赤褐色隼。雄鸟头顶及颈背灰色，尾蓝灰色无横斑，上体赤褐色略具黑色横斑，下体皮黄色而具黑色纵纹。雌鸟体型略大，上体全褐色，比雄鸟少赤褐色而多粗横斑。亚成鸟似雌鸟，但纵纹较重。

习性　在空中特别优雅，捕食时懒懒地盘旋或纹丝不动地停在空中。猛扑猎物，常从地面捕捉猎物。停栖在柱子或枯树上。喜开阔原野。

分布　国家二级重点保护野生动物，甚常见留鸟及季候鸟。广泛分布于国内各省（自治区、直辖市）。甘肃省内见于文县、康县、舟曲、徽县、天水、武山、兰州、武威。

（赵伟摄）

（赵伟摄）

燕隼 >>

隼形目 FALCONIFORMES / **隼科** Falconidae

学　名 *Falco subbuteo*
英文名 Eurasian Hobby
地方名 青条子

鉴别特征　体长约30厘米的黑白色隼。翼长，腿及臀棕色，上体深灰色，胸乳白色而具黑色纵纹。雌鸟体型比雄鸟大而多褐色，腿及尾下覆羽细纹较多。

习性　栖息于开阔地附近的有林地或停息于高大乔木或电线杆上。可在空中捕捉猎物，主食小型啮齿类、昆虫及蜥蜴。

分布　国家二级重点保护野生动物。广泛分布于国内各省（自治区、直辖市）。省内见于兰州、武山、庄浪、平凉、庆阳、环县、天水、武威。

（赵伟摄）

雀形目 PASSERIFORMES

24科54属93种

黑枕黄鹂 >> 雀形目 PASSERIFORMES / 黄鹂科 Oriolidae

学　名 *Oriolus chinensis*
英文名 Black-naped Oriole
地方名 黄瓜喽

鉴别特征　体长约26厘米的黄色及黑色鹂。贯眼纹及颈背黑色，飞羽多为黑色。雄鸟体羽余部艳黄色。雌鸟色较暗淡，背橄榄黄色。

习性　栖于开阔林、人工林、园林、村庄及红树林。成对或以家族为群活动，飞行呈波状，振翼幅度大，缓慢而有力。主食昆虫，也吃少量植物果实与种子。

分布　国内除新疆、西藏、青海外见于各省（自治区、直辖市）。甘肃省内分布于陇东庆阳、平凉、天水、武山、兰州、徽县、两当、康县、武都、文县。

（包新康摄）

红尾伯劳 >>

雀形目　PASSERIFORMES / 伯劳科　Laniidae

学　名　*Lanius cristatus*
英文名　Brown Shrike
地方名　土虎鹊

鉴别特征　体长约20厘米的淡褐色伯劳。成鸟前额灰色，眉纹白色，眼罩黑色且宽，头顶及上体褐色，喉白色，下体皮黄色。亚成鸟背及体侧具深褐色细小的鳞状斑纹，眉纹黑色。

习性　喜开阔耕地及次生林及林缘。单独栖于灌丛、电线及小树上，捕食飞行中的昆虫或猛扑地面上的昆虫和小动物。偶尔吃少量草籽。

分布　一般性常见。广泛分布于国内各省（自治区、直辖市）。甘肃省内遍布全境。

（董文晓摄）　　　　　　　　　　　　　　　　　　　　　　　　　　（董文晓摄）

灰背伯劳 >>

雀形目 PASSERIFORMES / **伯劳科** Laniidae

学　名 *Lanius tephronotus*
英文名 Grey-backed Shrike
地方名 灰鶍

鉴别特征　体长约25厘米而尾长的伯劳。上体深灰色，仅腰及尾上覆羽具狭窄的棕色带。初级飞羽的白色斑块小或无。

习性　活动于灌丛、开阔地区及耕地，也到地面觅食，甚不惧人。主要以昆虫为食。

分布　国内见于西北、西南、华中，以及香港、广西。甘肃省内见于东北部、西南部、西北部和兰州。

（赵伟摄）

楔尾伯劳 >>

雀形目 PASSERIFORMES / **伯劳科** Laniidae

学　名　*Lanius sphenocercus*

英文名　Chinese Grey Shrike

地方名　雀虎鵙

鉴别特征　体长约31厘米的灰色伯劳。眼罩黑色，眉纹白色，两翼黑色并具粗的白色横纹。三枚中央尾羽黑色，羽端具狭窄的白色，外侧尾羽白色。

习性　栖息于灌丛、开阔地区及耕地，能在空中飞捕昆虫或小鸟，或者在地上捕食小鼠，捕获后返回原处。

分布　广泛分布于我国西北、东北、华东、青海及东南沿海等地。甘肃省内见于东部、兰州、天祝、碌曲。

（赵伟摄）　　　　　　　　　　　　　　　　　　（赵伟摄）

松鸦 >>

雀形目 PASSERIFORMES / **鸦科** Corvidae

学　名　*Garrulus glandarius*
英文名　Eurasian Jay
地方名　黄老鸹

鉴别特征　体长约35厘米的偏粉色鸦。特征为翼上具黑色及蓝色镶嵌图案，腰白色。髭纹黑色，两翼黑色具白色块斑。飞行时两翼显得宽圆。飞行沉重，振翼无规律。

习性　性喧闹，喜落叶林地及森林，主动围攻猛禽。以果实、鸟卵、尸体及橡树子为食，食物组成随季节和环境而变化。

分布　分布广泛并甚常见于中国西北、东北、华北、华中及华南的多数地区。甘肃省内见于河西祁连山、龙东子午岭、关山、天水小陇山、兴隆山，甘南卓尼等地区。

（赵伟摄）

（赵伟摄）

灰喜鹊 >>

雀形目 PASSERIFORMES / 鸦科 Corvidae

学　名　*Cyanopica cyana*
英文名　Azure-winged Magpie
地方名　麻野鹊

鉴别特征　体长约35厘米而细长的灰色喜鹊。顶冠、耳羽及后枕黑色，两翼天蓝色，尾长并呈蓝色。

习性　性吵嚷，结群栖于开阔松林及阔叶林、公园甚至城镇。飞行时振翼快，作长距离的无声滑翔。以果实、昆虫及动物尸体为食。

分布　常见且广泛分布于中国华东、东北、长江流域上下游、甘肃南部及青海。甘肃省内见于陇南山区、陇中部黄土高原、甘南林区。

（赵伟摄）　　　　　　　　　　　　　　　　　　　　　（杨霁琴摄）

喜鹊 >>

雀形目 PASSERIFORMES / **鸦科** Corvidae

学　名 *Pica pica*
英文名 Common Magpie
地方名 野鹊

鉴别特征 体长约45厘米的鹊。具黑色的长楔尾，两翼及尾黑色并具蓝色辉光，两肩各有一大块白斑，初级飞羽内翈及腹部纯白色。

习性 适应性强，中国北方的农田或城市的摩天大厦均可为家。多从地面取食，食性较杂。结小群活动。

分布 常见留鸟。广泛分布于国内各省（自治区、直辖市）。甘肃省内几乎遍布各地区。

（赵伟摄）　　　　　　　　　　　　　　　　（赵伟摄）

红嘴山鸦 >>

雀形目 PASSERIFORMES / **鸦科** Corvidae
学　名 *Pyrrhocorax pyrrhocorax*
英文名 Red-billed Chough
地方名 红嘴乌鸦

鉴别特征 体长约45厘米而漂亮的黑色鸦。鲜红色的嘴短而下弯，脚红色。亚成鸟似成鸟但嘴较黑。滑翔时"翼指"（初级飞羽末端）张开。

习性 结小群至大群活动，飞行甚敏捷。通常营巢于山地悬岩、沟谷、河谷等开阔地带。主食昆虫。

分布 分布于中国北部及东部、青藏高原至四川及云南西北部、新疆等地。甘肃省内为广布种，而以陇东、黄土高原、甘南河西走廊为多。

（赵伟摄）　　　　　　　　　　　　　　　　　　　　　　　（赵伟摄）

黄嘴山鸦 >>

雀形目 PASSERIFORMES / **鸦科** Corvidae

学　名 *Pyrrhocorax graculus*
英文名 Alpine Chough
地方名 黄嘴乌鸦

鉴别特征 体长约38厘米的闪光黑色山鸦。似红嘴山鸦，但嘴较短且为黄色，腿红色，跗蹠及趾黄色。幼鸟腿灰色，嘴上黄色较少。

习性 一般栖于较高海拔的峭壁山崖处。群栖性，结群随热气流翱翔，常与红嘴山鸦混群。主食昆虫，亦食植物种子。

分布 国内分布于青藏高原和新疆至云南及四川一带。甘肃省内见于兰州、武威、张掖、天祝、玛曲等地。

（赵伟摄）

（赵伟摄）

达乌里寒鸦 >>

雀形目 PASSERIFORMES / **鸦科** Corvidae

学　名　*Corvus dauuricus*
英文名　Daurian Jackdaw
地方名　白脖鸦

鉴别特征　体长约32厘米的鹊色鸦。成鸟全身黑白相间，头至胸部黑色，后颈和腹部灰白色，耳羽具银色细纹。两翼和尾羽黑色。幼鸟后颈和腹部深灰色或近黑色。

习性　营巢于开阔地、树洞、岩崖或建筑物上，常在放牧的家养动物间取食。非繁殖季常集成数百以上的大群。

分布　常见。国内分布于除海南外的各省（自治区、直辖市）。甘肃省内见于平凉、天水、武山、兰州、临洮、文县、卓尼，以及河西地区。

（赵伟摄）

大嘴乌鸦 >>

雀形目 PASSERIFORMES / **鸦科** Corvidae

学　名　*Corvus macrorhynchos*
英文名　Large-billed Crow
地方名　老鸹

鉴别特征　体长约50厘米的闪光黑色鸦。嘴甚粗厚，嘴峰与前额形成明显的夹角，停歇时极为明显。

习性　成对生活，喜栖于村庄周围。杂食性，主要以昆虫为食，也吃雏鸟、鸟卵、鼠类、腐肉、动物尸体以及植物种子等。

分布　常见留鸟。分布于国内大部分地区。甘肃省内几乎遍布全境，见于陇南山区、陇东高原、黄土高原、河西走廊、甘南。

（赵伟摄）

白眉山雀 >>

雀形目 PASSERIFORMES / **山雀科** Paridae

学　名　*Poecile superciliosus*
英文名　White-browed Tit
地方名　白眉山雀

鉴别特征　体长约13厘米的山雀。白色眉纹显著，头顶及胸兜黑色，前额的白色后延而成白色的长眉纹，头侧、两胁及腹部黄褐色，臀皮黄色，上体深灰沾橄榄色。

习性　结小群，栖于少林木的生境。有时与雀莺混群于高山矮小桧树及杜鹃灌丛中取食。

分布　国内见于青海东部、四川北部和西部、西藏南部、甘肃南部。甘肃省内见于永登、武威、山丹、肃南、天祝等。

（龚大洁摄）

沼泽山雀 >>

雀形目 PASSERIFORMES / 山雀科 Paridae
学　名 *Poecile palustris*
英文名 Marsh Tit
地方名 呀呀哩

鉴别特征 体长约11.5厘米的山雀。头顶及颏黑色，上体偏褐色或橄榄色，下体近白色，两胁皮黄色，无翼斑或项纹。与褐头山雀易混淆，但通常无浅色翼纹而具闪辉黑色顶冠。

习性 一般单独或成对活动，有时加入混合群。喜栎树林及其他落叶林、密丛、树篱、河边林地及果园。

分布 常见于中国东北、华东、华中及西南。甘肃省内见于兰州、天水、卓尼、徽县。

（龚大洁摄）

褐头山雀 >>

雀形目　PASSERIFORMES / 山雀科　Paridae

学　名　*Poecile montanus*
英文名　Willow Tit
地方名　呼呼咽

鉴别特征　体长约11.5厘米的山雀。头顶及颏褐黑色，上体褐灰色，下体近白色，两胁皮黄色，无翼斑或项纹。与沼泽山雀易混淆，但一般具浅色翼纹，黑色顶冠较大而少光泽，头显比例较大。

习性　栖息于针叶林或针阔混交林间。多成群活动，也见成对或单独活动的。性较活泼，在枝桠间穿梭寻觅食物，有时能倒悬枝头。以昆虫为食。

分布　甚常见于中国东北，西北阿尔泰山、天山，中北部，中南及西南和北方的中等海拔针叶林。甘肃省内见于天水、榆中、兰州、天祝、平凉、甘南等。

（赵伟摄）　　　　　　　　　　　　　　　　　　　　　　　（赵伟摄）

煤山雀 >>

雀形目 PASSERIFORMES / 山雀科 Paridae
学　名 *Periprus ater*
英文名 Coal Tit
地方名 呀呀点

鉴别特征 体长约11厘米的山雀。头顶、颈侧、喉及上胸黑色。翼上具两道白色翼斑以及颈背部的大块白斑是其识别特征。背灰色或橄榄灰色，白色的腹部或有或无皮黄色，腹中央无黑色纵纹。多数亚种具尖状的黑色冠羽。

习性 性较活泼而大胆，不甚畏人。行动敏捷，常在树枝间穿梭跳跃，除繁殖期间成对活动外，其他季节多聚小群。有储食行为，主要以昆虫为食。

分布 常见于针叶林。国内分布于东北、中部及西藏南部、武夷山和华东、华南其他山区及台湾。甘肃省内分布于天水、卓尼、文县。

（赵伟摄）　　　　　　　　　　　　　　　　　　　　　　　　（赵伟摄）

褐冠山雀 >>

雀形目　PASSERIFORMES / 山雀科　Paridae

学　名　*Lophophanes dichrous*
英文名　Grey-crested Tit
地方名　凤头山雀

鉴别特征　体长约12厘米而色淡的山雀。冠羽显著，体羽无黑色或黄色但具皮黄色与白色的半颈环。上体暗灰色，下体随亚种不同从皮黄色至黄褐色有变化。

习性　性慎生而喜静，平时飞行缓慢，飞行距离亦短。除繁殖期间成对活动外，秋冬季节多成3~5只或10余只的小群。主要以昆虫和昆虫幼虫为食。

分布　国内分布于西藏东南部、四川、云南、陕西、甘肃、青海、四川及湖北。甘肃省内分布于天堂寺、天祝、天水、平凉、舟曲等。

（赵伟摄）

大山雀 >>

雀形目 PASSERIFORMES / **山雀科** Paridae

学　名　*Parus cinereus*
英文名　Great Tit
地方名　呀呀黑

鉴别特征　体长约14厘米而结实的黑、灰及白色山雀。头及喉辉黑色，与脸侧白斑及颈背块斑成强对比；翼上具一道醒目的白色条纹，一道黑色带沿胸中央而下。

习性　常活动在红树林、林缘及开阔林。性活跃，成对或成小群活动。主要以昆虫及昆虫幼虫为食，兼食少量植物。

分布　分布于中国东北、西北、华中、华东、华北、西南、华南、青藏高原、台湾及海南岛。甘肃省内见于天水、武山、兰州、临洮、张掖、陇南等地。

（杨霁琴摄） （杨霁琴摄）

短趾百灵 >>

雀形目　PASSERIFORMES / 百灵科　Alaudidae

学　名　*Alaudala cheleensis*
英文名　Asian Short-toed Lark
地方名　沙百灵

鉴别特征　体长约13厘米而具褐色杂斑的百灵。无羽冠，颈无黑色斑块，嘴较粗短，胸部纵纹散布较开。站姿甚直，上体满布纵纹且尾具白色的宽边而有别于其他小型百灵。

习性　栖于干旱平原及草地，具有云雀类典型的生境偏好和炫耀行为。

分布　甚常见。国内分布于东北、华北、华东、西北及四川、浙江和台湾。甘肃省内见于河西走廊、兰州盆地及陇东黄土高原。

（赵伟摄）　　　　　　　　　　　　　　　　　　　　　　　　（赵伟摄）

凤头百灵 >>

雀形目 PASSERIFORMES / **百灵科** Alaudidae

学　名　*Galerida cristata*
英文名　Crested Lark
地方名　角䳭

鉴别特征　体长约18厘米的具褐色纵纹的百灵。冠羽长而窄。上体沙褐色而具近黑色纵纹，尾覆羽皮黄色。下体浅皮黄色，胸密布近黑色纵纹。飞行时两翼宽，翼下锈色；尾深褐色而两侧黄褐色。

习性　栖于干燥平原、半荒漠及农耕地。于栖处或于高空飞行时鸣唱。杂食性，主要以植物性食物为食，也吃昆虫等动物性食物。

分布　国内分布于西北、华东和华北诸省。甘肃省内常见，多见于黄土高原、陇东和河西走廊。

（赵伟摄）　　　　　　　　　　　　　　　　　　（赵伟摄）

角百灵 >>

雀形目 PASSERIFORMES / **百灵科** Alaudidae

学　名 *Eremophila alpestris*
英文名 Horned Lark
地方名 角百灵

鉴别特征 体长约16厘米的深色百灵。头部图纹别致。雄鸟具粗显的黑色胸带，脸具黑色和白色（或黄色）图纹，顶冠前端黑色条纹后延成特征性小"角"。上体几为纯暗褐色；下体余部白色，两胁有些褐色纵纹。雌鸟及幼鸟色暗且无"角"。

习性 繁殖于高海拔的荒芜干旱平原及寒冷荒漠。营巢于草丛基部的地面上或灌木丛中。主要以草籽等植物性食物为食，也吃昆虫等动物性食物。

分布 国内自东北至西北部新疆、青海、内蒙、宁夏、山西，西南西藏、四川等均有分布。甘肃省内均有分布。

（赵伟摄）　　　　　　　　　　　　　　　　　　（赵伟摄）

岩燕 >>

雀形目 PASSERIFORMES / 燕科 Hirundinidae

学　名 *Ptyonoprogne rupestris*
英文名 Eurasian Crag Martin
地方名 石燕

鉴别特征　体长约15厘米的深褐色燕。方形尾的近端处具两个白色点斑。飞行时从下方看其深色的翼下覆羽、尾下覆羽及尾与较淡的头顶、飞羽、喉及胸成对比。

习性　栖于山区岩崖及干旱河谷，偶尔于建筑物上。营巢于临近江河、湖泊、沼泽等水域附近的山崖上或岩壁缝隙中。主要在空中飞行捕食昆虫。

分布　分布于中国西部、北部、中部及西南海拔1800～4600米的大范围地区。甘肃省内见于兰州、玛曲、武山、祁连山东段。

（赵伟摄）　　　　　　　　　　　　　　　　　（赵伟摄）

家燕 >>

雀形目　PASSERIFORMES / 燕科　Hirundinidae

学　名　*Hirundo rustica*
英文名　Barn Swallow
地方名　燕子

鉴别特征　体长约20厘米的辉蓝色及白色的燕。上体钢蓝色；胸偏红而具一道蓝色胸带，腹白色；尾甚长，近端处具白色点斑。亚成鸟体羽色暗，尾无延长。

习性　在高空滑翔及盘旋，或低飞于地面或水面捕捉小昆虫。有时结大群夜栖一处。

分布　国内为广布种。甘肃省内见于庆阳、武都、天水、兰州、临洮、榆中、河西走廊及甘南等地。

（赵伟摄）　　　　　　　　　　　　　　　　　　　　　　　　　（赵伟摄）

烟腹毛脚燕 >>

雀形目 PASSERIFORMES / 燕科 Hirundinidae

学　名 *Delichon dasypus*
英文名 Asian House Martin
地方名 小白腰燕

鉴别特征 体长约13厘米而矮壮的黑色燕。上体钢蓝色，腰白色，胸烟白色；下体偏灰，尾浅叉型。与毛脚燕的区别在于翼衬黑色。

习性 单独或成小群，与其他燕混群。比其他燕更喜留在空中，多见其于高空翱翔。

分布 国内分布在除新疆、西藏西北部、内蒙古东北部、吉林和黑龙江西部以外的地区。甘肃省内见于天水、武威、兰州、郎木寺、康县、文县、舟曲等。

（赵伟摄）　　　　　　　　　　　　　　　　　　　　　　　　　　　（赵伟摄）

金腰燕 >>

雀形目 PASSERIFORMES / 燕科 Hirundinidae

学　名　*Cecropis daurica*
英文名　Red-rumped Swallow
地方名　黄腰燕

鉴别特征　体长约18厘米的燕。浅栗色的腰与深钢蓝色的上体成对比，下体白色而多具黑色细纹，尾长而叉深。

习性　似家燕。主要以昆虫为食。用泥丸混以草茎筑瓶状巢于建筑物隐蔽处。

分布　甚常见于中国的大部分地区。夏季和秋季分布几乎遍布甘肃省全境。

（龚大洁摄）

褐柳莺 >>

雀形目　PASSERIFORMES / 柳莺科　Phylloscopidae

学　名　*Phylloscopus fuscatus*
英文名　Dusky Warbler
地方名　柳串儿

鉴别特征　体长约11厘米的单一褐色柳莺。外形甚显紧凑而墩圆，两翼短圆，尾圆而略凹。下体乳白色，胸及两胁沾黄褐色。上体灰褐色，飞羽有橄榄绿色的翼缘。嘴细小，腿细长。

习性　隐匿于沿溪流、沼泽周围及森林中潮湿灌丛的低浓密植被之下。通常营巢于林下或林缘与溪边灌木丛中。主要以昆虫为食。

分布　广泛分布于国内各省。甘肃省内见于陇东、天水、兰州、文县、卓尼、舟曲、迭部、河西走廊敦煌。

（宋森摄）　　　　　　　　　　　　　　　　　　　　　　　　　　　（宋森摄）

棕眉柳莺 >>

雀形目　PASSERIFORMES / 柳莺科　Phylloscopidae

学　名　*Phylloscopus armandii*
英文名　Yellow-streaked Warbler
地方名　柳串儿

鉴别特征　体长约12厘米的单褐色柳莺。尾略分叉，喉部的黄色纵纹常隐约贯胸而至腹部，尾下覆羽黄褐色。具白色的长眉纹和皮黄色眼先。脸侧具深色杂斑，暗色的眼先及贯眼纹与米黄色的眼圈成对比。

习性　栖息于海拔1000米左右的混交林中，常在灌丛中穿梭跳跃。主要以小型昆虫及其幼虫为食。

分布　区域性常见候鸟。国内繁殖于渤海湾至西藏、云南、广西等大部分地区。甘肃省内见于天祝、肃南。

（王心蕊摄）　　　　　　　　　　　　　　　　　　　　　　　　　　　　　　（赵伟摄）

黄腰柳莺 >>

雀形目　PASSERIFORMES / 柳莺科　Phylloscopidae

学　名　*Phylloscopus proregulus*
英文名　Pallas's Leaf Warbler
地方名　柳串儿

鉴别特征　体长约9厘米的背部绿色的柳莺。腰柠檬黄色；具两道浅色翼斑；下体灰白色，臀及尾下覆羽沾浅黄色；具黄色的粗眉纹和适中的顶纹；嘴细小。

习性　常成群活动于柳树或针叶林中，亦与其他柳莺混群。食物主要取自云杉树冠或地面的昆虫，也在空中捕捉。

分布　广泛分布于国内各省（自治区、直辖市）。甘肃省内为广布种。

（赵伟摄）

（赵伟摄）

甘肃柳莺 >>

雀形目　PASSERIFORMES / 柳莺科　Phylloscopidae

学　名　*Phylloscopus kansuensis*
英文名　Gansu Leaf Warbler
地方名　柳串儿

鉴别特征　体长约10厘米的偏绿色柳莺。腰色浅，隐约可见第二道翼斑，眉纹粗而白色，顶纹色浅，三级飞羽羽缘略白。

习性　栖息于海拔2000m以上的山地针叶林或混交林。性活跃，常在枝尖不停地穿飞捕虫，有时飞离枝头扇翅轰赶昆虫并啄食，跳跃时不时发出清脆的"叽叽"声。

分布　罕见且鲜为人知。国内繁殖于甘肃及青海西宁至兰州地区。甘肃省内分布于西部和南部。

（赵伟摄）　　　　　　　　　　　　　　　　　　　　　　　　　（赵伟摄）

黄眉柳莺 >>

雀形目 PASSERIFORMES / 柳莺科 Phylloscopidae

学　名 *Phylloscopus inornatus*
英文名 Yellow-browed Warbler
地方名 柳串儿

鉴别特征　体长约11厘米的鲜艳橄榄绿色柳莺。通常具两道明显的近白色翼斑，眉纹纯白色或乳白色，无明显顶纹。与极北柳莺的区别在于其上体较鲜亮，翼纹较醒目且三级飞羽羽端白色。

习性　常单独或三五成群活动，迁徙期间集大群。很少落地，动作轻巧、灵活、敏捷，行踪隐秘，晨昏为其活动高峰期。以食蚜虫及小型昆虫为食。

分布　国内除新疆外见于各省（自治区、直辖市）。甘肃省内见于兰州、天祝、文县、甘南、迭部、卓尼。

（龚大洁摄）

暗绿柳莺 >>

雀形目　PASSERIFORMES / 柳莺科　Phylloscopidae

学　名　*Phylloscopus trochiloides*
英文名　Greenish Warbler
地方名　柳串儿

鉴别特征　体长约10厘米的柳莺。背深绿色；通常仅具一道黄白色翼斑；尾无白色；长眉纹黄白色，偏灰色的顶纹并不显著。贯眼纹深色，耳羽具暗色的细纹。下体灰白色，两胁沾橄榄色。眼圈近白色。

习性　常单只、成对或成小群活动于森林、灌丛、果园中。性活跃，行动轻捷。以昆虫为食，不停地在树冠层枝间捕食飞行昆虫，有时亦到低树上或灌丛中觅食。

分布　繁殖于中国西北、中部至云南西北部、青海、西藏东部及南部；越冬至印度、中国西藏东南部及云南南部。甘肃省内见于兰州、河西走廊、卓尼。

（赵伟摄）　　　　　　　　　　　　　　　　　　　　（赵伟摄）

乌嘴柳莺 >>

雀形目 PASSERIFORMES / 柳莺科 Phylloscopidae

学　名 *Phylloscopus magnirostris*
英文名 Large-billed Leaf Warbler
地方名 柳串儿

鉴别特征　体长约12.5厘米的柳莺。上体绿橄榄色，尾无白色，具一道或两道偏黄色翼斑；眼纹色深，耳羽具杂斑。下体白色，两胁近灰色且常有淡黄色渲染。眉纹长，前黄色而后白色。嘴大而色深，嘴端略具钩。

习性　栖于海拔2000～4000米开阔的多草林间空地及林隙；越冬至较低处。多在树枝而少在叶间取食。飞行轻快。

分布　罕见的季候鸟。国内繁殖于西藏南部及东南部喜马拉雅山脉、云南西北部、四川、青海东部、甘肃。甘肃省内见于文县、兰州、武威、张掖、酒泉等地。

（赵伟摄）

银喉长尾山雀 >>

雀形目　PASSERIFORMES / 长尾山雀科　Aegithalidae

学　名　*Aegithalos glaucogularis*
英文名　Silver-throated Bushtit
地方名　长尾巴雀

鉴别特征　美丽而小巧蓬松的山雀，体长约16厘米。头顶黑色，中央具黄灰色纵纹。嘴细小黑色。尾甚长，黑色而带白边。喉中央具银灰色块斑，下体余部淡葡萄红色。

习性　性活泼，结小群在树冠层及低矮树丛中找食昆虫及种子。夜宿时挤成一排。主要啄食昆虫。

分布　国内见于东北西南部赤峰、西北、华东、华北，以及华中和西南四川、云南等地。甘肃省内见于武山、天水、兰州、玛曲、文县、武威等。

（满自红摄）

（赵伟摄）

凤头雀莺 >>

雀形目 PASSERIFORMES / **长尾山雀科** Aegithalidae

学　名　*Leptopoecile elegans*
英文名　Crested Tit Warbler
地方名　凤头雀

鉴别特征　体长约10厘米的毛茸茸紫色和绛紫色莺。雄鸟顶冠淡紫灰色，额及凤头白色，尾全蓝色。雌鸟喉及上胸白色，至臀部渐变成淡紫色，耳羽灰色，一道黑线将灰色头顶及近白色的凤头与偏粉色的枕部及上背隔开。

习性　夏季栖于冷杉林及林线以上的灌丛，可至海拔4300米。冬季下至海拔2800～3900米的亚高山林带。结小群并与其他种类混群。主食昆虫。

分布　近危，不常见留鸟。国内分布于青海、甘肃、四川西北部、西藏东部及东南部、内蒙古西部。甘肃省内见于兰州、天祝、山丹、肃北、张掖、甘南等地。

（赵伟摄）　　　　　　　　　　　　　　　　　　　　　　　　　　　（赵伟摄）

山鹛 >>

雀形目 PASSERIFORMES / **莺鹛科** Sylviidae

学　名　*Rhopophilus pekinensis*
英文名　Chinese Hill Babbler
地方名　长尾巴鹛

鉴别特征　体长约17厘米而尾长的具褐色纵纹的莺。眉纹偏灰色，髭纹近黑色。似体型墩实的鸲莺。上体烟褐色而密布近黑色纵纹；外侧尾羽羽缘白色；颏、喉及胸白色；下体余部白色，两胁及腹部具醒目的栗色纵纹，有时沾黄褐色。

习性　栖于灌丛及芦苇丛。于隐蔽处之间作快速飞行，善在地面奔跑，不惧生。典型的食虫鸟类，偶尔取食草籽等植物型食物。

分布　国内分布于辽宁南部西至宁夏贺兰山、陕西南部的秦岭至甘肃南部、青海及内蒙古西部至新疆南部。甘肃省内见于天祝、张掖、兰州、陇东。

（赵伟摄）　　　　　　　　　　　　　　　　　　　　　　　　　　　（赵伟摄）

山噪鹛 >>

雀形目 PASSERIFORMES / 噪鹛科 Leiothrichidae

学　名 *Garrulax davidi*
英文名 Plain Laughingthrush
地方名 拐拐

鉴别特征　体长约29厘米的偏灰色噪鹛。羽毛整体呈褐色。喙明显下弯，具浅色眉纹，颏近黑色，耳羽灰褐色。初级飞羽外缘淡灰色，尾羽末端色深。

习性　单独或成对活动。多在地上觅食，常从栖息的高处直落地面捕猎，或突然飞出捕食空中活动的昆虫，然后飞回原栖息处。主食昆虫，尤以鞘翅目昆虫为多。

分布　国内见于东北、华北至中西部山区。甘肃省内为广布种，见于陇东、陇西、黄土高原、甘南和河西走廊。

（赵伟摄）

（赵伟摄）

橙翅噪鹛 >>

学　名 *Trochalopteron elliotii*
英文名 Elliot's Laughingthrush
地方名 橙翅拐拐

鉴别特征 体长约26厘米的噪鹛。全身大致灰褐色，上背及胸羽具深色及偏白色羽缘而成鳞状斑纹。臀及下腹部黄褐色。初级飞羽基部羽缘偏黄色、羽端蓝灰色。尾羽灰而端白色，羽外侧偏黄色。

习性 结小群于开阔次生林及灌丛的林下植被及竹丛中取食。杂食性，主食昆虫和植物果实与种子。

分布 国内分布于巴山、秦岭及岷山往南至四川西部、西藏东南部及云南西北部、甘肃北部祁连山区，南至青海东部。甘肃省内见于文县、康县、武都、两当、徽县、舟曲、天水、武山、兰州、榆中、卓尼等。

（赵伟摄）　　　　　　　　　　　　　　　　　　　（赵伟摄）

欧亚旋木雀 >>

雀形目 PASSERIFORMES / 旋木雀科 Certhiidae
学　名 *Certhia familiaris*
英文名 Eurasian Treecreeper
地方名 爬树鸟

鉴别特征　体长约13厘米而褐色斑驳的旋木雀。下体白色或皮黄色，仅两胁略沾棕色且尾覆羽棕色。胸及两胁偏白色，眉纹色浅，喉部色浅，尾淡褐色。

习性　留鸟，昼行性，白天活跃，夜间结群而居。有垂直向树干上方爬行觅食的特殊习性。主食昆虫、蜘蛛和其他节肢动物，冬季偶食植物种子。

分布　甚常见于温带阔叶林及针叶林中。国内分布于东北、西北、中部、西藏南部及西南部。甘肃省内见于兰州、武威、张掖、酒泉、天祝、卓尼等地。

（王心蕊摄）　　　　　　　　　　　　　　　　　　　　　　　（赵伟摄）

普通鸻 >>

雀形目　PASSERIFORMES / 鸻科　Sittidae

学　名　*Sitta europaea*
英文名　Eurasian Nuthatch
地方名　贴树皮、走木

鉴别特征　体长约13厘米而色彩优雅的鸻。上体蓝灰色，贯眼纹黑色，喉白色，腹部淡皮黄色，两胁浓栗色。

习性　在树干的缝隙及树洞中啄食橡树籽及坚果。飞行起伏呈波状。偶尔于地面取食。成对或结小群活动。栖息金水丛林，食昆虫。

分布　甚常见于中国大部地区的落叶林区。国内分布于西北、东北的大兴安岭及其余地区、华东、华中、华南及东南包括台湾。甘肃省内见于肃北、天水、平凉、子午岭、文县、舟曲等。

（刘佳庆摄）

黑头䴓 >>

雀形目 PASSERIFORMES / 䴓科 Sittidae

学　名 *Sitta villosa*
英文名 Chinese Nuthatch
地方名 走木

鉴别特征 体长约11厘米的䴓。具白色眉纹和细细的黑色贯眼纹。雄鸟顶冠黑色，雌鸟新羽的顶冠灰色。上体余部淡紫灰色。喉及脸侧偏白色，下体余部灰黄色或黄褐色。

习性 成对或结小群活动，飞行起伏呈波状。常在树干的缝隙及树洞中啄食坚果，偶尔于地面取食。主食昆虫。

分布 国内见于东北、河北、山西、宁夏、陕西和甘肃南部。甘肃省内见于甘南玛曲、天祝、兰州。

（赵伟摄）

（赵伟摄）

红翅旋壁雀 >>

雀形目　PASSERIFORMES / 鸦科　Sittidae

学　名　*Tichodroma muraria*
英文名　Wallcreeper
地方名　爬岩鸟

鉴别特征　体长约16厘米的优雅灰色鸟。尾短而嘴长，翼具醒目的绯红色斑纹。飞羽黑色，初级飞羽具两排白色点斑，外侧尾羽羽端白色。夏羽喉黑色，冬羽喉白色。

习性　多生活于悬崖和陡坡壁上，常在岩崖峭壁上攀爬，两翼轻展显露红色翼斑。主食昆虫。

分布　分布于中国中部、北部、西部、青藏高原、喜马拉雅山脉。甘肃省内见于平凉、庆阳、华池、合水、天水、兰州、榆中、天祝、武都、文县等。

（张喜春摄）　　　　　　　　　　　　　　　　　　　　　　　　　（王心蕊摄）

鹪鹩 >>

雀形目 PASSERIFORMES / **鹪鹩科** Troglodytidae

学　名　*Troglodytes troglodytes*
英文名　Eurasian Wren
地方名　巧妇鸟

鉴别特征　体长约10厘米的褐色而具横纹及点斑的小鸟。体羽深黄褐色，具狭窄黑色横斑及模糊的皮黄色眉纹。嘴细，尾上翘。

习性　活动时尾不停地轻弹而上翘，翅不时闪动。飞行低，仅振翅作短距离飞行。取食蜘蛛、天牛和蜷象等昆虫。

分布　繁殖于中国东北、西北、华北、华中、西南、台湾以及青藏高原东麓的针叶林及泥沼地。甘肃省内见于天水、武山、兰州、文县、榆中、天祝和卓尼。

鹪鹩和大杜鹃（王心蕊摄）　　　　　　　　　　　　　　　　　　（赵伟摄）

河乌 >>

雀形目 PASSERIFORMES / 河乌科 Cinclidae

学　名 *Cinclus cinclus*
英文名 White-throated Dipper
地方名 水鬼

鉴别特征　体长约20厘米的深褐色河乌。颏及喉至上胸具白色的大斑块，余部栗褐色。尾短，尾羽黑色。

习性　栖于森林及开阔区域清澈而湍急的山间溪流。一般单独或成对活动，身体常上下点动，做振翅炫耀。善游泳及潜水，主食鱼虾或水生昆虫。

分布　国内见于喜马拉雅山脉、新疆、甘肃、青海、四川、云南和湖北。甘肃省内兰州、天祝、临潭、宕昌、肃南、文县、舟曲等地。

（赵伟摄）　　　　　　　　　　　　　　　　　　（赵伟摄）

北椋鸟 >>

雀形目 PASSERIFORMES / 椋鸟科 Sturnidae

学　名 *Agropsar sturninus*
英文名 Daurian Starling
地方名 燕八哥

鉴别特征 体长约18厘米，背部深色的椋鸟。雄鸟背部闪辉紫色；两翼闪辉绿黑色并具醒目的白色翼斑；头及胸灰色，颈背具黑色斑块；腹部白色。雌鸟上体烟灰色，颈背具褐色点斑，两翼及尾黑色。

习性 栖息于平原和山间田野及村镇周围树上。主食昆虫，兼食少量植物果实与种子。

分布 国内除新疆、西藏、青海外见于各省（自治区、直辖市）。甘肃省内见于天水、兰州、武山、临洮、玛曲、康县、文县、舟曲。

（赵伟摄）

（赵伟摄）

灰椋鸟 >>

雀形目 PASSERIFORMES / 椋鸟科 Sturnidae
学　名 *Spodiopsar cineraceus*
英文名 White-cheeked Starling
地方名 灰燕抓拉

鉴别特征　体长约24厘米的棕灰色椋鸟。头黑色，头侧具白色纵纹，臀、外侧尾羽羽端及次级飞羽狭窄横纹白色。雌鸟色浅而暗。

习性　群栖性，常见于有稀疏树木的开阔郊野及农田，常在电线杆顶端营巢。取食于农田，主要以昆虫为食，也吃少量植物果实与种子。

分布　国内除西藏外见于各省（自治区、直辖市）。甘肃省内为广布种，夏时东至陇东庆阳、平凉、天水，西至河西走廊，南到文县、舟曲等地区均有分布。

（赵伟摄）　　　　　　　　　　　　　　　　　　　　　（赵伟摄）

虎斑地鸫 >>

雀形目 PASSERIFORMES / **鸫科** Turdidae

学　名　*Zoothera aurea*
英文名　White's Thrush
地方名　虎皮穿草鸡

鉴别特征　体长约28厘米并具粗大的褐色鳞状斑纹的地鸫。上体橄榄褐色，下体白色，黑色及金皮黄色的羽缘使其通体满布鳞状斑纹。

习性　单独或成对活动于山区针叶林或针阔混交林。奔走迅疾，善于跳跃，飞行时紧贴地面。主食昆虫，兼食少量植物种子。

分布　甚常见留鸟及季候鸟，见于国内各省（自治区、直辖市）。甘肃省内见于兰州、舟曲。

（赵伟摄）

灰头鸫 >>

雀形目 PASSERIFORMES / **鸫科** Turdidae

学　名	*Turdus rubrocanus*
英文名	Chestnut Thrush
地方名	灰头穿草鸡

鉴别特征　体长约25厘米的栗色及灰色鸫。头及颈灰色，两翼及尾黑色。颏灰白色，喉和上胸暗褐色，余部栗色。

习性　单独或成对活动，常于地面取食，主要以昆虫和昆虫幼虫为食，也吃植物果实和种子。甚惧生。繁殖期间极善鸣叫，鸣声清脆响亮。

分布　区域性常见留鸟，国内见于西藏南部至西南部及秦岭一带。甘肃省内见于武山、兰州、平凉、武威、张掖、酒泉、天祝、康县、舟曲、碌曲。

（种峰林摄）

（赵伟摄）

赤颈鸫 >>

雀形目 PASSERIFORMES / 鸫科 Turdidae

学　名 *Turdus ruficollis*
英文名 Red-throated Thrush
地方名 红脖穿草鸡

鉴别特征 体长约25厘米的鸫。雄鸟颏、喉、胸均为栗红色，腹部及尾下覆羽白色，中央尾羽深褐色，其余栗红色。雌鸟颏、喉灰白色，具深褐色纵纹，两胁具少许灰色斑点。

习性 成松散群体，有时与其他鸫类混合。穿走于丛林间、果蔬地，常在地面时作并足长跳。主食昆虫，亦取食少量植物种子。

分布 甚常见。国内分布在除西藏和东南诸省外的广大地区。甘肃省内见于天水、武山、兰州、酒泉、康县、文县、碌曲。

雄鸟（赵伟摄）

雌鸟（马东辉摄）

宝兴歌鸫 >>

雀形目 PASSERIFORMES / **鸫科** Turdidae

学　名 *Turdus mupinensis*
英文名 Chinese Thrush
地方名 穿草鸡

鉴别特征　体长约23厘米的鸫。上体橄榄褐色，下体白色，颏及喉两侧具粗而短的黑色纵纹。胸和腹密布圆形的黑色斑点，尾下覆羽白色，白色的翼斑醒目。

习性　一般栖于海拔3000米以下的林下灌丛。单独或结小群。性惧生。主食昆虫。

分布　分布于中国中部，北至华北，南至云南。甘肃省内见于天水、兰州、康县、天祝。

（保护区红外相机摄）

红喉歌鸲 >>

雀形目 PASSERIFORMES / **鹟科** Muscicapidae

学　名　*Calliope calliope*
英文名　Siberian Rubythroat
地方名　红点颏

鉴别特征 　体长约16厘米而丰满的褐色歌鸲。具醒目的白色眉纹和颊纹，尾褐色，两胁皮黄色，腹部皮黄白色。雌鸟胸带近褐色，头部黑白色条纹独特。成年雄鸟喉红色。

习性 　单独或成对活动于灌丛、山坡农田和草地中，一般在近溪流处。繁殖期发出多韵而悦耳的鸣声，常清晨、黄昏以至月夜歌唱。主食昆虫，兼食少量植物。

分布 　国内除西藏外广泛分布于各省(自治区、直辖市)。甘肃省内见于兰州、天祝、酒泉、卓尼。

(赵伟摄)

蓝喉歌鸲 >>

雀形目　PASSERIFORMES / 鹟科　Muscicapidae

学　名　*Luscinia svecica*
英文名　Bluethroat
地方名　蓝点颏

鉴别特征　体长约14厘米的色彩艳丽的歌鸲。雄鸟喉部辉蓝色，中央有栗色斑块，胸有黑白橙三色横带，背褐色，下体白色，尾基栗红色。雌鸟喉白色，胸具蓝白橙三色横带。

习性　惧生，常留于近水的覆盖茂密处。多取食于地面。走似跳，不时地停下抬头及闪尾，站势直。飞行快速，径直躲入覆盖下。主食昆虫。

分布　广泛分布于国内各省(自治区、直辖市)。甘肃省内见于西北部和兰州、文县。

（龚大洁摄）

红胁蓝尾鸲 >>

雀形目 PASSERIFORMES / 鹟科 Muscicapidae

学　名 *Tarsiger cyanurus*
英文名 Orange-flanked Bluetail
地方名 轻尾儿

鉴别特征 体长约15厘米而喉白色的鸲。雄鸟上体蓝色，眉纹白色。亚成鸟及雌鸟褐色，尾蓝色。橘黄色两胁与白色的腹部及臀成对比。

习性 栖于湿润山地森林及次生林的林下低处。单独或成对活动。主食昆虫，迁徙时兼食少量植物果实与种子。

分布 除西藏外见于国内各省（自治区、直辖市）。甘肃省内分布于兰州、天祝、肃南、祁连山、卓尼、临潭。

（赵伟摄）

（赵伟摄）

白喉红尾鸲 >>

雀形目 PASSERIFORMES / 鹟科 Muscicapidae

学　名　*Phoenicuropsis schisticeps*
英文名　White-throated Redstart
地方名　一点白火燕

鉴别特征　体长约15厘米而色彩鲜艳的红尾鸲。具白色喉块，外侧尾羽的棕色仅限于基半部。雄鸟头顶及颈背深青石蓝色；上背灰黑色，下背棕色；腹中心及臀部皮黄白色；两翼多白色条纹。雌鸟头顶及背部冬季沾褐色，眼圈皮黄色。

习性　夏季单独或成对栖于亚高山针叶林的浓密灌丛，多喜飞行而性野。迁徙时成小群。主要以昆虫及其幼虫为食，也吃植物果实和种子。

分布　繁殖于陕西南部秦岭、甘肃南部、青海东部及东南部、四川至云南西北部及西藏东南部。甘肃省内见于天水、武山、兰州、天祝、卓尼、文县、康县。

雌鸟（赵伟摄）　　　　　　　　　　　　　　　　　　　　雄鸟（赵伟摄）

蓝额红尾鸲 >>

雀形目 PASSERIFORMES / 鹟科 Muscicapidae
学　名 *Phoenicuropsis frontalis*
英文名 Blue-fronted Redstart
地方名 兰头火燕

鉴别特征　体长约16厘米而色彩艳丽的红尾鸲。雄雌两性的尾部均具特殊的"T"形黑色图纹（雌鸟褐色）。雄鸟头、胸、颈背及上背深蓝色，额及眉纹钴蓝色；两翼黑褐色，无翼上白斑；腹部、臀、背及尾上覆羽橙褐色。雌鸟褐色，眼圈皮黄色，尾端深色。

习性　一般多单独活动，迁徙时结小群。尾上下抽动而不颤动。甚不怕生。主要以甲虫、蝗虫、毛虫、蚂蚁、鳞翅目幼虫等昆虫为食，也吃少量植物果实与种子。

分布　国内分布于甘肃、宁夏、陕西、云贵高原、青藏高原、喜马拉雅山脉。甘肃省内见于天水、兰州、天祝、武威、张掖、酒泉、卓尼。

雄鸟（种峰林摄）　　　　　　　　　　　　　　　　　　　　亚成鸟（杨霁琴摄）

贺兰山红尾鸲 >>

雀形目 PASSERIFORMES / 鹟科 Muscicapidae

学　名 *Phoenicurus alaschanicus*
英文名 Alashan Redstart
地方名 火燕

鉴别特征　体长约16厘米的红尾鸲。胸赤褐色，内侧覆羽及初级覆羽有白色。雄鸟头顶、颈背、头侧至上背蓝灰色；雌鸟上体额至腰暗棕褐色。

习性　喜于山区稠密灌丛、溪流活动，单独在地面取食，偶在空中捕食。以昆虫为食。

分布　濒危。国内繁殖于青海、宁夏及甘肃东部；越冬于陕西南部、河北与山西的边境，偶至北京。甘肃省内见于兰州、天祝、文县、祁连山。

（赵伟摄）

（赵伟摄）

赭红尾鸲 >>

雀形目 PASSERIFORMES / 鹟科 Muscicapidae
学　名 *Phoenicurus ochruros*
英文名 Black Redstart
地方名 火燕

鉴别特征　体长约15厘米的深色红尾鸲。雄鸟头、颈、背、颏、喉和胸均为黑色，余部栗棕色。雌鸟喉和胸棕褐色，下体余部棕黄色。

习性　见于开阔区域，常急促跳动并高挺站立。领域性强，常于清晨或傍晚在突出的栖木上鸣叫。主食昆虫，也吃其他小型无脊椎动物，偶食植物种子、果实。

分布　常见的繁殖鸟及冬候鸟。国内分布于新疆西部、西藏西部及东部、青海、甘肃至山西、四川和云南西北部。甘肃省内见于天祝、兰州、武山、卓尼、康县、文县、碌曲、玛曲、临夏等地。

雌鸟（王心蕊摄）

雄鸟（赵伟摄）

黑喉红尾鸲 >>

雀形目 PASSERIFORMES / 鹟科 Muscicapidae

学　名 *Phoenicurus hodgsoni*
英文名 Hodgson's Redstart
地方名 黑喉火燕

鉴别特征　体长约15厘米而色彩浓艳的红尾鸲。上体暗灰色。雄鸟喉胸黑色，次级飞羽基部外缘具宽阔的白斑。雌鸟喉胸灰褐色，下体大多灰褐色，尾上覆羽和尾羽栗红色。

习性　喜开阔的林间草地及灌丛活动，常近溪流，在树间地面取食，饱食后雄鸟常在梢头鸣叫。主食昆虫及其幼虫。

分布　甚常见。国内见于喜马拉雅山脉、青藏高原至中部地区。甘肃省内见于兰州、张掖、酒泉、文县。

（钱崇文摄）

（赵伟摄）

北红尾鸲 >>

雀形目 PASSERIFORMES / 鹟科 Muscicapidae
学　名 *Phoenicurus auroreus*
英文名 Daurian Redstart
地方名 火燕

鉴别特征 体长约15厘米而色彩艳丽的红尾鸲。具明显而宽大的白色翼斑。雄鸟头顶至枕部灰白色，头侧、喉、上背及两翼褐黑色，仅翼斑白色，中央尾羽深黑褐色。雌鸟褐色，白色翼斑显著，眼圈及尾皮黄色似雄鸟，但色较暗淡。

习性 常单独或成对活动。性胆怯，行动敏捷，频繁地在地上和灌丛间跳来跳去啄食虫子，偶尔也在空中飞翔捕食。

分布 一般性常见鸟。国内见于除新疆外各省（自治区、直辖市）。甘肃省内见于庆阳、泾川、平凉、兰州、天祝、民勤、卓尼、玛曲、康县、文县、舟曲。

亚成鸟（赵伟摄）

雌鸟（赵伟摄）

雄鸟（杨霁琴摄）

红尾水鸲 >>

雀形目 PASSERIFORMES / 鹟科 Muscicapidae

学　名　*Rhyacornis fuliginosa*
英文名　Plumbeous Water Redstart
地方名　铅色水鬼

鉴别特征　体长约14厘米的雄雌异色水鸲。栖于溪流旁。通体大都铅灰蓝色，尾上、下覆羽栗红色。雌鸟上体色淡，尾上、下覆羽白色，无深色的中央尾羽。雄雌两性均具明显的不停弹尾动作。

习性　单独或成对活动于多砾石的溪流及河流两旁，尾常摆动，领域性强。炫耀时停在空中振翼，尾扇开，螺旋形飞回栖处。主食昆虫，兼食少量植物果实和种子。

分布　国内见于除新疆和东北以外的省（自治区、直辖市）。甘肃省内见于榆中、天水、卓尼、文县、舟曲和河西走廊的天祝、肃南。

雌鸟（王心蕊摄）　　　　　　　　　　　　　　　　　　　　雄鸟（赵伟摄）

白顶溪鸲 >>

雀形目 PASSERIFORMES / 鹟科 Muscicapidae

学　名 *Chaimarrornis leucocephalus*
英文名 White-capped Water Redstart
地方名 钻水雀

鉴别特征 体长约19厘米的黑色及栗色溪鸲。头顶及颈背白色，腰、尾基部及腹部栗色。雄雌同色。亚成鸟色暗而近褐色，头顶具黑色鳞状斑纹。

习性 常立于水中或于近水的突出岩石上，降落时不停地点头且羽梢尾不停抽动。主食水生昆虫，兼食少量盲蛛、软体动物、野果和草籽等。

分布 国内见于华北西部、西南部、两广、海南岛。省内见于天水、武山、兰州、榆中、肃南、天祝、武威、文县、舟曲、迭部、碌曲。

（赵伟摄）　　　　　　　　　　　　　　　　　　　　　（赵伟摄）

黑喉石䳭 >>

雀形目　PASSERIFORMES / 鹟科　Muscicapidae

学　名　*Saxicola maurus*
英文名　Siberian Stonechat
地方名　石栖鸟

鉴别特征　体长约14厘米的黑、白及赤褐色䳭。雄鸟头部及飞羽黑色，背深褐色，颈及翼上具粗大的白斑，腰白色，胸棕色。雌鸟色较暗而无黑色，下体皮黄色，仅翼上具白斑。

习性　喜开阔的生境如农田、花园及次生灌丛。栖于突出的低树枝以跃下地面捕食猎物。主食昆虫，也吃蚯蚓、蜘蛛等无脊椎动物以及少量植物果实和种子。

分布　繁殖于中国东北、新疆南部经青海、甘肃、陕西、四川至西藏南部及西南地区；越冬于长江以南包括海南岛。甘肃省内见于河西走廊、平凉、兰州、碌曲。

（赵伟摄）

白顶䳭 >>

雀形目　PASSERIFORMES / 鹟科　Muscicapidae

学　名　*Oenanthe pleschanka*
英文名　Pied Wheatear
地方名　白头沙雀

鉴别特征　体长约14.5厘米而尾长的䳭。雄鸟自额至颈后、下背和尾羽白色，上背和两肩黑色，下体白色。雌鸟上体大都土褐色，腰和尾上覆羽白色。

习性　栖于多石块而有矮树的荒地、农庄、城镇。栖时站姿挺直，尾上下摇动。从栖处捕食昆虫。雄鸟在高空盘旋时鸣唱，然后突然俯冲至地面。

分布　甚常见。国内分布于新疆西部、青海、甘肃、宁夏、内蒙古、陕西、山西、河南、河北及辽宁等荒瘠环境。甘肃省内见于武山、天水、兰州、武威、酒泉、天祝、武都、文县。

（赵伟摄）　　　　　　　　　　　　　　　　　　　　　　　　（赵伟摄）

漠鹏 >>

雀形目　PASSERIFORMES / 鹟科　Muscicapidae

学　名　*Oenanthe deserti*
英文名　Desert Wheatear
地方名　沙雀

鉴别特征　体长约14～15.5厘米的沙黄色鹏。尾黑色，翼近黑色。雄鸟脸侧、颈及喉黑色。雌鸟头侧近黑色，但颏及喉白色。飞行时尾几乎全黑而有别于其他种类的鹏。

习性　喜多石的荒漠及荒地，常栖于低矮植被。性惧生，雄鸟在近巢处作简短的振翼炫耀飞行，常飞至岩石后藏身。主食昆虫，也吃草籽。

分布　甚常见于荒漠。国内见于西北及陕西北部、青藏高原。甘肃省内见于天祝、酒泉、武威。

雌鸟（赵伟摄）

雄鸟（赵伟摄）

沙䳭 >>

雀形目 PASSERIFORMES / 鹟科 Muscicapidae

学　名　*Oenanthe isabellina*
英文名　Isabelline Wheatear
地方名　沙雀

鉴别特征　体长约16厘米而嘴偏长的沙褐色䳭。色平淡而略偏粉色且无黑色脸罩，翼较多数䳭种色浅。雄雌同色，但雄鸟眼先较黑，眉纹及眼圈苍白。与雌漠䳭的区别在身体较扁圆而显头大、腿长，翼覆羽较少黑色，腰及尾基部更白。

习性　单独或成对活动于有矮树丛的多沙荒漠。在地面奔跑快捷并时而停下点头。雄鸟炫耀时跃入空中，尾张开作徘徊飞行，然后滑降而落。主食昆虫。

分布　国内分布于新疆至山西的北方荒漠区，以及西藏、四川。甘肃省内见于卓尼、康县、天祝、河西走廊。

（赵伟摄）　　　　　　　　　　　　　　　　　　　　　（赵伟摄）

蓝矶鸫 >>

雀形目 PASSERIFORMES / 鹟科 Muscicapidae

学　名　*Monticola solitarius*
英文名　Blue Rock Thrush
地方名　麻石青

鉴别特征　体长约23厘米的青石灰色矶鸫。雄鸟暗蓝灰色，具淡黑色及近白色的鳞状斑纹，腹部及尾下深栗色或蓝色。雌鸟上体灰色沾蓝色，下体皮黄色而密布黑色鳞状斑纹。亚成鸟似雌鸟但上体具黑白色鳞状斑纹。

习性　单独或成对活动。多在地上觅食，常从栖息的高处直落地面捕猎，或突然飞出捕食空中活动的昆虫，然后飞回原栖息处。主要以昆虫为食。

分布　一般常见。国内除青藏高原大部及东北北部外广泛分布。甘肃省内见于康县、文县、武都、舟曲、碌曲、武山。

雌鸟（赵伟摄）　　　　　　　　　　　　　　　　　　　　　雄鸟（赵伟摄）

红喉姬鹟 >>

雀形目 PASSERIFORMES / 鹟科 Muscicapidae

学　名　*Ficedula albicilla*
英文名　Taiga Flycatcher
地方名　黄点颏

鉴别特征　体长约13厘米的褐色鹟。尾色暗，基部外侧明显白色。繁殖期雄鸟胸红色沾灰色。雌鸟及非繁殖期雄鸟暗灰褐色，喉近白色，眼圈狭窄白色。尾及尾上覆羽黑色。

习性　栖于林缘及河流两岸的小树上。有险情时冲至隐蔽处，尾展开显露基部的白色并发出粗哑的咯咯声。主食昆虫，兼食少量植物。

分布　国内广泛分布于各省（自治区、直辖市）。甘肃省内为广布种。

（龚大洁摄）

戴菊 >>

雀形目　PASSERIFORMES / 戴菊科　Regulidae

学　名　*Regulus regulus*
英文名　Goldcrest
地方名　戴菊鸟

鉴别特征　体长约9厘米而色彩明快的偏绿色似柳莺的鸟。上体全橄榄绿色至黄绿色；下体偏灰色或淡黄白色，两胁黄绿色。翼上具黑白色图案，金黄色或橙红色（雄鸟）的顶冠纹两侧缘以黑色侧冠纹。

习性　通常独栖于针叶林的林冠下层。主要以各种昆虫为食，也吃蜘蛛和其他小型无脊椎动物，冬季也吃少量植物种子。

分布　国内分布于东北至西部与青藏高原，甘肃、陕西南部经四川、云南至贵州；越冬至华东沿海各省份和台湾。甘肃省内见于河西走廊、卓尼、兰州、文县。

（赵伟摄）　　　　　　　　　　　　　　　　　　　　　　　　　（赵伟摄）

领岩鹨 >>

雀形目 PASSERIFORMES / 岩鹨科 Prunellidae

学　名 *Prunella collaris*
英文名 Alpine Accentor
地方名 岩鹨子

鉴别特征 体长约17厘米的褐色具纵纹的岩鹨。头胸部灰色，颏部略带白色，背部棕灰色具黑褐色纵纹，大覆羽及初级覆羽黑色而末端白色，飞羽及尾羽深褐色，腹部及尾下覆羽棕色具白色纵纹。

习性 一般单独或成对活动，极少成群。常坐立于突出岩石上。飞行快速流畅，波状起伏后扎入覆盖中。性不惧人。主食昆虫和蜘蛛，兼食植物嫩叶、果实和种子。

分布 常见于中国东北及中北部、喜马拉雅山脉及青藏高原高山草甸灌丛和裸岩地区。甘肃省内见于卓尼、天祝、肃南。

（龚大洁摄）

鸲岩鹨 >>

雀形目　PASSERIFORMES / 岩鹨科　Prunellidae

学　名　*Prunella rubeculoides*
英文名　Robin Accentor
地方名　岩鹨子

鉴别特征　体长约16厘米的偏灰色岩鹨。胸栗褐色，头、喉、上体、两翼及尾烟褐色，上背具模糊的黑色纵纹；翼上覆羽有狭窄的白缘，翼羽羽缘褐色；灰色的喉与栗褐色的胸之间有狭窄的黑色领环；下体其余白色。

习性　具本属的典型特性。性温驯而不惧生。巢置在多岩山地的岩石下及岩隙间。主食昆虫，兼食少量草籽。

分布　国内少见于青海、甘肃、四川、西藏、新疆南部及云南西北部。甘肃省内见于西南部、东部天水和西北部天祝。

亚成鸟（杨霁琴摄）　　　　　　　　　　　　　　　　　　亚成鸟（杨霁琴摄）

棕胸岩鹨 >>

雀形目 PASSERIFORMES / 岩鹨科 Prunellidae

学　名 *Prunella strophiata*
英文名 Rufous-breasted Accentor
地方名 岩鹨子

鉴别特征 体长约16厘米的褐色具纵纹的岩鹨。眼先上具狭窄白线至眼后转为特征性的黄褐色眉纹，下体白色而带黑色纵纹，仅胸带黄褐色。

习性 栖息于林下灌丛和富有植被的坡地，常成对或小群活动。喜较高处的森林及林线以上的灌丛。主食昆虫，兼食少量植物。

分布 国内见于青藏高原、云贵高原、蒙古高原及山西、河南、四川、湖南、湖北。甘肃省内见于兰州、天水、文县、卓尼、天祝。

（赵伟摄）

（赵伟摄）

褐岩鹨 >>

雀形目 PASSERIFORMES / 岩鹨科 Prunellidae

学　名　*Prunella fulvescens*
英文名　Brown Accentor
地方名　土眉子

鉴别特征　体长约15厘米的褐色具暗黑色纵纹的岩鹨。白色的眉纹粗显，下体白色，胸及两胁沾粉色。不同地理亚种在色调上有异，色最淡的亚种见于昆仑山。

习性　喜开阔有灌丛至几乎无植被的高山山坡及碎石带。主要以昆虫为食，也吃蜗牛等其他小型无脊椎动物和植物果实、种子与草料等植物性食物。

分布　国内分布于西藏西部、新疆罗布泊、青海、宁夏、甘肃南部、四川、东北、内蒙古的额尔古纳。甘肃省内见于天祝、兰州、卓尼。

（赵伟摄）

麻雀 >>

雀形目　PASSERIFORMES / 雀科　Passeridae

学　名　*Passer montanus*
英文名　Eurasian Tree Sparrow
地方名　麻雀

鉴别特征　体长约14厘米的矮圆而活跃的麻雀。两性同色，成鸟上体近褐色，下体皮黄灰色。顶冠及颈背褐色，颈背具完整的灰白色领环。在脸颊具明显黑色点斑且喉部黑色较少。

习性　栖于有稀疏树木的地区、村庄及农田。食性较杂，主要以谷粒、草籽、种子、果实等植物性食物为食，繁殖期间也吃大量昆虫。

分布　常见于中国各地，分布于东北、华东、华中、东南、西北、青藏高原、西藏东南部、西南及海南岛热带地区。甘肃省内为广布种。

（赵伟摄）

（杨霁琴摄）

黑喉雪雀 >>

雀形目 PASSERIFORMES / **雀科** Passeridae

学　名　*Pyrgilauda davidiana*
英文名　Pere David's Snowfinch
地方名　雪雀

鉴别特征　体长约15厘米的皮黄褐色雪雀。额、眼先、颏及喉纯黑色。初级覆羽基部白色，外侧尾羽偏白。幼鸟较成鸟色淡且脸上无黑色。

习性　栖居多石的山区及有疏草的半荒漠，通常于近水处。与鼠兔繁群相关联。性活泼，冬季成大群，甚不惧人地进入农庄及村庄。食物主要为昆虫。

分布　国内分布于青海东部的祁连山、甘肃、宁夏的贺兰山、内蒙古东北部的呼伦湖区。甘肃省内见于天祝、庄浪河谷。

（董文晓摄）

黄头鹡鸰 >>

雀形目 PASSERIFORMES / 鹡鸰科 Motacillidae

学　名　*Motacilla citreola*

英文名　Citrine Wagtail

地方名　黄头点水雀

鉴别特征　体长约18厘米的鹡鸰。头及下体艳黄色。具两道白色翼斑。雌鸟头顶及脸颊灰色。与黄鹡鸰的区别在于其背灰色。亚成鸟暗淡白色取代成鸟的黄色。

习性　喜沼泽草甸、苔原带及柳树丛。通常营巢于土丘下面地上或草丛中。主要以昆虫为食，偶尔也吃少量植物性食物。

分布　繁殖于中国西北至塔里木盆地的北部、中西部及青藏高原、东北；冬季迁至华南沿海、西藏东南部及云南。甘肃省内见于中部和南部。

（赵伟摄）

（赵伟摄）

灰鹡鸰 >>

雀形目　PASSERIFORMES / 鹡鸰科　Motacillidae

学　名　*Motacilla cinerea*
英文名　Grey Wagtail
地方名　点水雀

鉴别特征　体长约19厘米而尾长的偏灰色鹡鸰。腰黄绿色，下体黄色。与黄鹡鸰的区别在上背灰色，飞行时白色翼斑和黄色的腰显现，且尾较长。成鸟下体黄色，亚成鸟偏白色。

习性　常单独或成对活动，有时也集成小群或与白鹡鸰混群。飞行时两翅一展一收，呈波浪式前进。常沿河边或道路行走捕食，主食水生昆虫。

分布　国内广泛分布于各省（自治区、直辖市）。甘肃省内几乎遍布全省。

（杨霁琴摄）　　　　　　　　　　　　　　　　　（赵伟摄）

白鹡鸰 >>

雀形目 PASSERIFORMES / 鹡鸰科 Motacillidae

学　名 *Motacilla alba*
英文名 White Wagtail
地方名 白脸点水雀

鉴别特征 体长约20厘米的黑、灰及白色鹡鸰。体羽上体灰色，下体白色，两翼及尾黑白相间。冬季头后、颈背及胸具黑色斑纹但不如繁殖期扩展。雌鸟似雄鸟但色较暗。亚成鸟灰色取代成鸟的黑色。

习性 栖于近水的开阔地带、稻田、溪流边及道路上。受惊扰时飞行骤降并发出示警叫声。主食昆虫，兼食蜘蛛等其他无脊椎动物，偶食植物种子、浆果等。

分布 国内广泛分布于各省（自治区、直辖市）。几乎遍布于甘肃省内全境。

（赵伟摄）

（杨霁琴摄）

树鹨 >>

雀形目 PASSERIFORMES / **鹡鸰科** Motacillidae

学　名　*Anthus hodgsoni*
英文名　Olive-backed Pipit
地方名　树麻扎

鉴别特征　体长约15厘米的橄榄色鹨。具粗显的白色眉纹。与其他鹨的区别在上体纵纹较少，喉及两胁皮黄，胸及两胁黑色纵纹浓密。

习性　喜有林的栖息生境，受惊扰时降落于树上。主食昆虫，也吃蜘蛛、蜗牛等小型无脊椎动物，此外还吃苔藓、谷粒、杂草种子等植物性食物。

分布　广泛分布于国内各省（自治区、直辖市）。甘肃省内广布于兰州以南地区。

（赵伟摄）　　　　　　　　　　　　　　　　　　　　（赵伟摄）

粉红胸鹨 >>

雀形目 PASSERIFORMES / **鹡鸰科** Motacillidae

学　名　*Anthus roseatus*
英文名　Rosy Pipit
地方名　红胸地麻扎

鉴别特征　体长约15厘米的偏灰色而具纵纹的鹨。眉纹显著。繁殖期下体粉红色而几无纵纹，眉纹粉红色。非繁殖期粉皮黄色的粗眉线明显，背灰色而具黑色粗纵纹，胸及两胁具浓密的黑色点斑或纵纹。

习性　通常藏隐于近溪流处。比多数鹨姿势较平。食物主要为昆虫，兼食一些植物性种子。

分布　国内繁殖于青藏高原至华北，南至西川及湖北，南迁越冬至西藏东南部、云南，迷鸟在海南岛繁殖。甘肃省内分布于天祝、兰州、文县等。

（赵伟摄）　　　　　　　　　　　　　　　　　　　　　　　　（刘佳庆摄）

水鹨 >>

雀形目 PASSERIFORMES / 鹡鸰科 Motacillidae

学　名 *Anthus spinoletta*
英文名 Water Pipit
地方名 水麻扎子

鉴别特征 体长约15厘米的偏灰色而具纵纹的鹨。眉纹显著。繁殖期下体粉红色而几无纵纹，眉纹粉红色。非繁殖期粉皮黄色的粗眉线明显，背灰色而具黑色粗纵纹，胸及两胁具浓密的黑色点斑或纵纹。

习性 喜水域附近如湿地、沼泽，通常藏隐于近溪流处，于地面步行取食。停歇时姿势比多数鹨平。主食昆虫、植物嫩芽和种子。

分布 国内分布广泛，自新疆至东北，南至云南、海南岛、台湾均有分布。甘肃省内见于兰州、陇东、河西走廊、甘南、陇南。

（赵伟摄）

（赵伟摄）

白斑翅拟蜡嘴雀 >>

雀形目 PASSERIFORMES / **燕雀科** Fringillidae

学　名　*Mycerobas carnipes*
英文名　White-winged Grosbeak
地方名　蜡嘴雀

鉴别特征　体长约23厘米且头大的黑色和暗黄色雀鸟。头至腰黑色，背和腰沾暗绿黄色，尾上覆羽黄色，翅黑褐色具显著白斑。下体颏、胸黑色，余部黄色。嘴厚重。

习性　栖息于云杉或柏树的纯林或混交林，偶或进入灌丛。冬季结群活动，嗑食种子时极吵嚷。主食植物果实、嫩枝芽，杂草种籽。

分布　国内见于青藏高原、新疆至山西、云南、四川和重庆。甘肃省内见于河西走廊、兰州、榆中及天水等地。

（赵伟摄）　　　　　　　　　　　　　　　　　　　　　　　　　（赵伟摄）

灰头灰雀 >>

雀形目　PASSERIFORMES / 燕雀科　Fringillidae

学　名　*Pyrrhula erythaca*
英文名　Grey-headed Bullfinch
地方名　灰儿

鉴别特征　体长约17厘米而厚实的灰雀。嘴厚略带钩。成鸟的头灰色。雄鸟胸及腹部深橘黄色。雌鸟下体及上背暖褐色，背有黑色条带。飞行时白色的腰及灰白色的翼斑明显可见。

习性　见于海拔较高的山坡、草滩和灌丛，栖于亚高山针叶林及混交林。冬季结小群生活。甚不惧人。以杂草种子为食。

分布　国内分布于西藏东南部经华中至山西西南部、云南南部及西北、河北北部至北京西部及台湾。甘肃省内见于卓尼、舟曲、祁连山东段、肃南、天祝。

雌鸟（杨霁琴摄）

雄鸟（杨霁琴摄）

蒙古沙雀 >>

雀形目 PASSERIFORMES / **燕雀科** Fringillidae

学　名 *Bucanetes mongolicus*
英文名 Mongolian Finch
地方名 沙雀儿

鉴别特征 体长约15厘米的纯沙褐色沙雀。嘴厚重而呈暗角质色，翼羽的粉红色羽缘通常可见。繁殖期雄鸟粉红色较深，大覆羽多绯红色，腰、胸及眼周沾粉红色。

习性 喜山区干燥多石荒漠及半干旱灌丛。甚不惧人。通常成群活动。

分布 国内见于新疆西南部、西藏、青海、甘肃、宁夏、内蒙古、黑龙江及河北。甘肃省内见于河西走廊、兰州盆地及陇东地区。

（赵伟摄）

（赵伟摄）

林岭雀 >>

雀形目　PASSERIFORMES / 燕雀科　Fringillidae

学　名　*Leucosticte nemoricola*
英文名　Plain Mountain Finch
地方名　岭雀

鉴别特征　体长约15厘米而似麻雀的褐色岭雀。带浅色纵纹，具浅色的眉纹和白色或乳白色的细小翼斑，凹形的尾无白色。雄雌同色，雏鸟较成鸟多暖褐色。

习性　栖息于海拔较高的山坡、草滩和灌丛，常集小群活动。以杂草种子为食。为垂直迁移的候鸟，冬季常成大群作快速地上下翻飞。

分布　国内分布于西藏北部及东部、青海东部、甘肃、四川、陕西南部、云南西北部。甘肃省内见于卓尼、舟曲、祁连山东段、肃南、天祝。

（龚大洁摄）

普通朱雀 >>

雀形目 PASSERIFORMES / 燕雀科 Fringillidae

学　名 *Carpodacus erythrinus*
英文名 Common Rosefinch
地方名 红麻鹨（雄）、青麻鹨（雌）

鉴别特征 体长约15厘米而头红的朱雀。上体灰褐色，腹白色。繁殖期雄鸟头、胸、腰及翼斑多具鲜亮红色，无眉纹，脸颊及耳羽色深。雌鸟无粉红色，上体青灰褐色，下体近白色。

习性 栖于亚高山林带但多在林间空地、灌丛及溪流旁。单独、成对或结小群活动。飞行呈波状。主要以植物性食物为食，繁殖期间也吃部分昆虫。

分布 国内见于新疆北部、青海大部、内蒙西部、宁夏、陕西、西藏、河北、河南、山东、四川、云南、湖北、贵州等地。甘肃省内见于庆阳、平凉、天水、兰州、武山、武都、卓尼、夏河、祁连山、肃南、张掖。

（赵伟摄）　　　　　　　　　　　　　　　　　　　　　　　　　　　　（赵伟摄）

红眉朱雀 >>

雀形目 PASSERIFORMES / **燕雀科** Fringillidae

学　名　*Carpodacus pulcherrimus*
英文名　Chinese Beautiful Rosefinch
地方名　红眉麻鹨子

鉴别特征　体长约15厘米的朱雀。上体褐色斑驳，眉纹、脸颊、胸及腰淡紫粉，臀近白色。雌鸟无粉色，但具明显的皮黄色眉纹。雄雌两性均甚似体型较小的曙红朱雀，但嘴较粗厚且尾的比例较长。

习性　栖息山间林缘及河滩、农田周围的灌丛和小乔木上，早晨雄鸟常停落枝头鸣叫。主要食物为植物芽苞和杂草种子，兼食部分蚁、蝇及鞘翅目昆虫。

分布　国内见于西藏，青海、甘肃西北部、宁夏、内蒙古西部、四川及云南。甘肃省内见于祁连山地、天祝、肃南、兰州、榆中、武山、卓尼、舟曲、迭部、临夏、文县。

（董文晓摄）　　　　　　　　　　　　　　　　　　　　　　　　（董文晓摄）

沙色朱雀 >>

雀形目 PASSERIFORMES / **燕雀科** Fringillidae

学　名 *Carpodacus stoliczkae*
英文名 Pale Rosefinch
地方名 麻鹨子

鉴别特征 体长约15厘米的浅色无纵纹朱雀。雄鸟额、眼周和颊粉红色，具辉银色闪光，上体沙棕色，脸部的粉色渐至胸部而变淡，腰浅粉色。雌鸟无粉色。

习性 结小至大群栖于有水地区，停栖于悬崖或缝隙。通常惧生而寂声，于地面活动。以杂草种子为食，也吃昆虫。

分布 国内分布于青海东南部、新疆西部、甘肃南部。甘肃省内见于兰州。

雌鸟（赵伟摄）

雄鸟（赵伟摄）

白眉朱雀 >>

雀形目 PASSERIFORMES / **燕雀科** Fringillidae

学　名　*Carpodacus dubius*
英文名　Chinese White-browned Rosefinch
地方名　白眉麻鹨子

鉴别特征　体长约17厘米而壮实的朱雀。雄鸟腰及顶冠粉色，浅粉色的眉纹后端成特征性白色。中覆羽羽端白色成微弱翼斑。雌鸟与其他雌性朱雀的区别为腰色深而偏黄色，眉纹后端白色。

习性　垂直迁移的候鸟，夏季于高山及林线灌丛，冬季于丘陵山坡灌丛。成对或结小群活动，有时与其他朱雀混群。以草籽、果实、嫩芽、嫩叶等为食。

分布　国内分布喜马拉雅山脉、青藏高原东部至中国西北、内蒙古西部，以及四川、云南西北部。甘肃省内见于武山、兰州、榆中、天祝。

雄鸟（种峰林摄）

雌鸟（杨霁琴摄）

金翅雀 >>

雀形目 PASSERIFORMES / 燕雀科 Fringillidae

学　名 *Chloris sinica*
英文名 Grey-capped Greenfinch
地方名 金翅儿

鉴别特征 体长约13厘米的黄、灰及褐色雀鸟。具宽阔的黄色翼斑。成体雄鸟顶冠及颈背灰色，背纯褐色，翼斑、外侧尾羽基部及臀黄色。雌鸟色暗，幼鸟色淡且多纵纹。

习性 栖于灌丛、旷野、人工林、林园及林缘地带，常在林冠层活动。繁殖期成对，其余时间单独或成小群。以农作物、杂草种子为食，亦食鞘翅目昆虫。

分布 国内见于除新疆、西藏以外的省（自治区、直辖市）。甘肃省内广泛分布。

（赵伟摄）

（赵伟摄）

黄嘴朱顶雀 >>

雀形目　PASSERIFORMES / 燕雀科　Fringillidae

学　名　*Linaria flavirostris*
英文名　Twite
地方名　黄嘴麻鹨子

鉴别特征　　体长约13厘米的褐色具纵纹的雀鸟。雄鸟头背沙棕色，具黑色轴纹；腰和尾上覆羽玫瑰红色，余部沙棕色。雌鸟腰和尾上覆羽淡皮黄色至白色。与其他朱顶雀的区别在头顶无红色点斑，体羽色深而多褐色，尾较长。

习性　　栖息于高海拔山地、山坡和开阔草原，常集小群活动。营巢于地面草丛，以杂草种子为食，也吃植物嫩叶及昆虫。

分布　　甚常见。繁殖于中国西北、中西部、青藏高原东麓及青海东部至甘肃和四川。甘肃省内见于天祝、肃南、玛曲、肃北祁连山区及阿克塞等地。

（赵伟摄）　　　　　　　　　　　　　　　　　　　　　　　　　　　　　（赵伟摄）

红交嘴雀 >>

雀形目 PASSERIFORMES / **燕雀科** Fringillidae

学　名　*Loxia curvirostra*
英文名　Red Crossbill
地方名　交嘴

鉴别特征　体长约16.5厘米的雀。上下嘴先端交叉，雄鸟额至后颈赤红色，羽基褐色。背和两肩褐色；腰和尾上覆羽辉赤红色。雌鸟上体大部灰褐色，腰黄绿色。

习性　冬季游荡且部分鸟结群迁徙。飞行迅速而带起伏。倒悬进食，用交嘴嗑开松子。

分布　国内见于新疆、青藏高原，东至东北、华北和华东诸省。甘肃省内见于河西走廊、肃南、兰州及祁连山东部。

（龚大洁摄）

（赵伟摄）

灰眉岩鹀 >>

雀形目 **PASSERIFORMES** / 鹀科 **Emberizidae**

学　名　*Emberiza godlewskii*
英文名　Godlewski's Bunting
地方名　灰眉麻审

鉴别特征　体长约16厘米的鹀。雄鸟头顶及侧贯纹栗色，头余部、颈、颏和上胸蓝灰色。雌鸟似雄鸟但色暗。幼鸟头、上背及胸具黑色纵纹。

习性　喜干燥少植被的多岩丘陵山坡及沟壑深谷，冬季移至开阔多矮丛的生境。主要以草籽、果实、种子和农作物等植物性食物为食，也吃昆虫及其幼虫。

分布　地方性常见留鸟。国内见于华北、华中及西南。甘肃省内见于兰州、武山、天祝、肃南等地。

（杨霁琴摄）

（赵伟摄）

三道眉草鹀 >>

雀形目 PASSERIFORMES / 鹀科 Emberizidae

学　名 *Emberiza cioides*
英文名 Meadow Bunting
地方名 三道眉麻窜

鉴别特征　体长约16厘米的棕色鹀。具醒目的黑白色头部图纹和栗色的胸带，以及白色的眉纹、上髭纹并颏及喉。繁殖期雄鸟脸部有别致的褐色及黑白色图纹，胸栗色，腰棕色；雌鸟色较淡，眉线及下颊纹皮黄色，胸浓皮黄色。

习性　栖居高山丘陵的开阔灌丛及林缘地带，冬季下至平原地区。冬季以各种野生草籽为主，夏季以昆虫为主，尤以鳞翅目昆虫幼虫最多。

分布　常见留鸟。国内见于东北、华北、华东至西南。甘肃省内为广布种，东自陇东，西及河西走廊，北起皋兰，南到陇南均有分布。

（赵伟摄）　　　　　　　　　　　　　　　　　　　　　　　（赵伟摄）

小鹀 >>

雀形目　PASSERIFORMES / 鹀科　Emberizidae

学　名　*Emberiza pusilla*
英文名　Little Bunting
地方名　红脸麻审

鉴别特征　体长约13厘米而具纵纹的鹀。雄鸟头顶中央栗红色，两侧各具以黑色宽带。脸部有栗色斑；下体近白色，具黑色斑；雌鸟头顶两条带纹沾栗褐色。

习性　常活动于山地丘陵、草原及灌丛，也见于林缘耕地，单个或成小群活动。以谷物及昆虫为食。

分布　迁徙时常见于中国东北，越冬于华中、华东和华南的大部地区及新疆极西部、台湾。甘肃省内见于碌曲、天祝、兰州、榆中、河西走廊及陇南文县。

（赵伟摄）　　　　　　　　　　　　　　　　　　　　　　　　（赵伟摄）

灰头鹀 >>

雀形目　PASSERIFORMES / 鹀科　Emberizidae

学　名　*Emberiza spodocephala*
英文名　Black-faced Bunting
地方名　灰头麻审

鉴别特征　体长约14厘米的黑色及黄色鹀。雄鸟嘴基、眼先近黑色，头余部、颈和胸灰色，上体余部浓栗色而具明显的黑色纵纹，下体浅黄色或近白色，肩部具一白斑。雌鸟及冬季雄鸟头橄榄色，贯眼纹及耳覆羽下的月牙形斑纹黄色。

习性　栖息于海拔低的树林或灌丛间，也停落电线，出没于居民点、耕地、人工林。繁殖期成对活动，喜静，但常颤动尾羽，不断显示出白色部分。杂食性。

分布　国内除西藏外见于各省。甘肃省内见于文县、康县、天水、武山、合水、兰州、舟曲、迭部等地。

雄鸟（龚大洁摄）　　　　　　　　　　　雌鸟（包新康摄）

附录　甘肃连城国家级自然保护区鸟类名录

目	科名	种名		红色名录等级	保护等级	居留型	分布型
鸡形目 GALLIFORMES	雉科 Phasianidae	斑尾榛鸡	*Tetrastes sewerzowi*	NT	国一	留	横断山型
		红喉雉鹑	*Tetraophasis obscurus*	VU	国一	留	喜马拉雅– 横断山型
		藏雪鸡	*Tetraogallus tibetanus*	NT	国二	留	高地型
		大石鸡	*Alectoris magna*	NT	–	留	高地型
		斑翅山鹑	*Perdix dauuricae*	LC	三有	留	中亚型
		高原山鹑	*Perdix hodgsoniae*	LC	三有	留	高地型
		血雉	*Ithaginis cruentus*	NT	国二	留	喜马拉雅– 横断山型
		蓝马鸡	*Crossoptilon auritum*	NT	国二	留	高地型
		环颈雉	*Phasianus colchicus*	LC	三有	留	亚洲中 部型
雁形目 ANSERIFORMES	鸭科 Anatidae	灰雁	*Anser anser*	LC	三有	夏	古北型
		大天鹅	*Cygnus cygnus*	NT	国二	旅	全北型
		赤麻鸭	*Tadorna ferruginea*	LC	三有	夏、冬	古北型
		赤颈鸭	*Mareca penelope*	LC	三有	旅	全北型
		绿头鸭	*Anas platyrhynchos*	LC	三有	旅、冬	全北型
		斑嘴鸭	*Anas zonorhyncha*	LC	三有	旅	东洋型
		白眉鸭	*Spatula querquedula*	LC	三有	旅	古北型
		白眼潜鸭	*Aythya nyroca*	LC	三有	旅	地中海– 中亚型
		凤头潜鸭	*Aythya fuligula*	LC	–	–	–
		鹊鸭	*Bucephala clangula*	LC	三有	旅	全北型
		普通秋沙鸭	*Mergus merganser*	LC	–	冬、旅	全北型
䴙䴘目 PODICIPEDIFORMES	䴙䴘科 Podicipedidae	小䴙䴘	*Tachybaptus ruficollis*	LC	三有	夏	旧大陆热 带–亚热 带型
		凤头䴙䴘	*Podiceps cristatus*	LC	三有	夏	旧大陆热 带型
鸽形目 COLUMBIFORMES	鸠鸽科 Columbidae	岩鸽	*Columba rupestris*	LC	三有	夏	难分类
		山斑鸠	*Streptopelia orientalis*	LC	三有	留	难分类
		灰斑鸠	*Streptopelia decaocto*	LC	三有	留	东洋型
		火斑鸠	*Streptopelia tranquebarica*	LC	三有	夏	东洋型
		珠颈斑鸠	*Streptopelia chinensis*	LC	三有	留	东洋型

（续）

目	科名	种名		红色名录等级	保护等级	居留型	分布型
夜鹰目 CAPRIMULGIFORMES	夜鹰科 Caprimulgidae	普通夜鹰	*Caprimulgus indicus*	LC	–	夏	东洋型
	雨燕科 Apodidae	普通雨燕	*Apus apus*	LC	三有	夏	旧大陆温带-热带型
		白腰雨燕	*Apus pacificus*	LC	三有	夏	东北型
鹃形目 CUCULIFORMES	杜鹃科 Cuculidae	大杜鹃	*Cuculus canorus*	LC	三有	夏	旧大陆广布型
鹤形目 GRUIFORMES	秧鸡科 Rallidae	普通秧鸡	*Rallus indicus*	LC	三有	夏、旅	古北型
鸻形目 CHARADRIIFORMES	鹮嘴鹬科 Ibidorhynchidae	鹮嘴鹬	*Ibidorhyncha struthersii*	NT	三有	留	高地型
	反嘴鹬科 Recurvirostridae	黑翅长脚鹬	*Himantopus himantopus*	LC	三有	夏	环球热带-温带型
	鸻科 Charadriidae	凤头麦鸡	*Vanellus vanellus*	LC	三有	夏	古北型
		金眶鸻	*Charadrius dubius*	LC	三有	夏	旧大陆热带-温带型
		环颈鸻	*Charadrius alexandrinus*	LC	三有	夏	环球热带-温带型
	鹬科 Scolopacidae	丘鹬	*Scolopax rusticola*	LC	三有	夏、旅	古北型
		红脚鹬	*Tringa totanus*	LC	三有	夏、旅	古北型
		白腰草鹬	*Tringa ochropus*	LC	三有	夏、旅	全北型
	鸥科 Laridae	棕头鸥	*Chroicocephalus brunnicephalus*	LC	三有	冬、旅	高地型
		普通燕鸥	*Sterna hirundo*	LC	三有	夏	全北型
鹳形目 CICONIIFORMES	鹳科 Ciconiidae	黑鹳	*Ciconia nigra*	VU	国一	夏	古北型
鹈形目 PELECANIFORMES	鹭科 Ardeidae	黄苇鳽	*Lxobrychus sinensis*	LC	三有	夏	东洋型
		苍鹭	*Ardea cinerea*	LC	三有	夏、旅	古北型
鹰形目 ACCIPITRIFORMES	鹰科 Accipitridae	高山兀鹫	*Gyps himalayensis*	NT	国二	留	地中海-中亚型
		秃鹫	*Aegypius monachus*	NT	国二	留	地中海-中亚型
		白肩雕	*Aquila heliaca*	EN	国一	冬	地中海-中亚型
		金雕	*Aquila chrysaetos*	VN	国一	留	全北型
		松雀鹰	*Accipiter virgatus*	LC	国二	留	东洋型
		雀鹰	*Accipiter nisus*	LC	国二	夏	古北型
		黑鸢	*Milvus migrans*	LC	国二	留	古北型
		普通鵟	*Buteo japonicus*	LC	国二	旅	古北型
		大鵟	*Buteo hemilasius*	VU	国二	夏	中亚型

（续）

目	科名	种名		红色名录等级	保护等级	居留型	分布型
鸮形目 STRIGIFORMES	鸱鸮科 Strigidae	雕鸮	*Bubo bubo*	NT	国二	留	古北型
		纵纹腹小鸮	*Athene noctua*	LC	国二	留	古北型
		短耳鸮	*Asio flammeus*	NT	国二	冬	全北型
犀鸟目 BUCEROTIFORMES	戴胜科 Upupidae	戴胜	*Upupa epops*	LC	三有	夏	旧大陆广布型
佛法僧目 CORACIIFORMES	翠鸟科 Alcedinidae	普通翠鸟	*Alcedo atthis*	LC	三有	夏	旧大陆热带–温带型
啄木鸟目 PICIFORMES	啄木鸟科 Picidae	蚁䴕	*Jynx torquilla*	LC	–	夏	古北型
		大斑啄木鸟	*Dendrocopos major*	LC	三有	留	古北型
		黑啄木鸟	*Dryocopus martius*	LC	三有	留	古北型
		灰头绿啄木鸟	*Picus canus*	LC	–	留	古北型
隼形目 FALCONIFORMES	隼科 Falconidae	红隼	*Falco tinnunculus*	LC	国二	留	旧大陆热带–温带型
		燕隼	*Falco subbuteo*	LC	国二	夏	古北型
		猎隼	*Falco cherrug*	EN	国二	夏	中亚型
雀形目 PASSERIFORMES	黄鹂科Oriolidae	黑枕黄鹂	*Oriolus chinensis*	LC	三有	夏	东洋型
	伯劳科 Laniidae	红尾伯劳	*Lanius cristatus*	LC	三有	夏	东北–华北型
		灰背伯劳	*Lanius tephronotus*	LC	三有	夏	喜马拉雅–横断山型
		楔尾伯劳	*Lanius sphenocercus*	LC	三有	冬	东北型
	鸦科 Corvidae	松鸦	*Garrulus glandarius*	LC	–	留	古北型
		灰喜鹊	*Cyanopica cyana*	LC	三有	留	难分类
		喜鹊	*Pica pica*	LC	三有	留	全北型
		红嘴山鸦	*Pyrrhocorax pyrrhocorax*	LC	–	留	地中海–中亚型
		黄嘴山鸦	*Pyrrhocorax graculus*	LC	–	留	地中海–中亚型
		达乌里寒鸦	*Corvus dauuricus*	LC	三有	留	–
		秃鼻乌鸦	*Corvus frugilegus*	LC	三有	留	古北型
		小嘴乌鸦	*Corvus corone*	LC	–	留	全北型
		大嘴乌鸦	*Corvus macrorhynchos*	LC	–	留	季风型
	山雀科 Paridae	白眉山雀	*Poecile superciliosus*	LC	–	留	高地型
		沼泽山雀	*Poecile palustris*	LC	–	留	难分类
		褐头山雀	*Poecile montanus*	LC	–	留	全北型
		煤山雀	*Periprus ater*	LC	–	留	古北型

（续）

目	科名	种名		红色名录等级	保护等级	居留型	分布型
雀形目 PASSERIFORMES	山雀科 Paridae	褐冠山雀	*Lophophanes dichrous*	LC	–	留	喜马拉雅–横断山型
		大山雀	*Parus cinereus*	LC	–	留	欧亚热带–温带型
	百灵科 Alaudidae	短趾百灵	*Alaudala cheleensis*	LC	–	留	旧大陆温带型
		凤头百灵	*Galerida cristata*	LC	–	留	旧大陆温带型
		角百灵	*Eremophila alpestris*	LC	三有	夏	全北型
	苇莺科 Acrocephalidae	大苇莺	*Arocephalus arundinaceus*	LC	三有	夏	东半球热带–温带型
	燕科 Hirundinidae	岩燕	*Ptyonoprogne rupestris*	LC	三有	夏	地中海–中亚型
		家燕	*Hirundo rustica*	LC	三有	夏	全北型
		烟腹毛脚燕	*Delichon dasypus*	LC	三有	夏	–
		金腰燕	*Cecropis daurica*	LC	三有	夏	旧大陆热带型
	柳莺科 Phylloscopidae	褐柳莺	*Phylloscopus fuscatus*	LC	三有	夏	东北型
		黄腹柳莺	*Phylloscopus affinis*	LC	三有	夏	喜马拉雅–横断山型
		棕眉柳莺	*Phylloscopus armandii*	LC	三有	夏	喜马拉雅–横断山型
		橙斑翅柳莺	*Phylloscopus pulcher*	LC	三有	留	喜马拉雅–横断山型
		黄腰柳莺	*Phylloscopus proregulus*	LC	三有	夏	东北型
		甘肃柳莺	*Phylloscopus kansuensis*	LC	三有	留	–
		黄眉柳莺	*Phylloscopus inornatus*	LC	三有	夏	东北型
		暗绿柳莺	*Phylloscopus trochiloides*	LC	三有	夏	古北型
		双斑绿柳莺	*Phylloscopus plumbeitarsus*	LC	三有	夏	–
		乌嘴柳莺	*Phylloscopus magnirostris*	LC		夏	喜马拉雅–横断山型
		冠纹柳莺	*Phylloscopus claudiae*	LC	–	–	–
	长尾山雀科 Aegithalidae	银喉长尾山雀	*Aegithalos glaucogularis*	LC	三有	留	古北型
		凤头雀莺	*Leptopoecile elegans*	NT	三有	留	喜马拉雅–横断山型
	莺鹛科 Sylviidae	山鹛	*Rhopophilus pekinensis*	LC	三有	留	华北型

（续）

目	科名	种名		红色名录等级	保护等级	居留型	分布型
雀形目 PASSERIFORMES	噪鹛科 Leiothrichidae	山噪鹛	*Garrulax davidi*	LC	三有	留	华北型
		橙翅噪鹛	*Trochalopteron elliotii*	LC	三有	留	喜马拉雅–横断山型
	旋木雀科 Certhiidae	欧亚旋木雀	*Certhia familiaris*	LC	–	留	全北型
	䴓科 Sittidae	普通䴓	*Sitta europaea*	LC	–	留	古北型
		黑头䴓	*Sitta villosa*	NT	–	留	全北型
		白脸䴓	*Sitta leucopsis*	NT	–	留	喜马拉雅–横断山型
		红翅旋壁雀	*Tichodroma muraria*	LC	–	留	地中海–中亚型
	鹪鹩科 Troglodytidae	鹪鹩	*Troglodytes troglodytes*	LC	–	留	全北型
	河乌科 Cinclidae	河乌	*Cinclus cinclus*	LC	–	留	旧大陆温带型
	椋鸟科 Sturnidae	北椋鸟	*Agropsar sturninus*	LC	三有	夏	东北–华北型
		灰椋鸟	*Spodiopsar cineraceus*	LC	三有	夏	东北–华北型
	鸫科 Turdidae	虎斑地鸫	*Zoothera aurea*	LC	–	–	–
		灰头鸫	*Turdus rubrocanus*	LC	–	夏	喜马拉雅–横断山型
		赤颈鸫	*Turdus ruficollis*	LC	–	冬、旅	难分类
		宝兴歌鸫	*Turdus mupinensis*	LC	三有	夏	横断山型
	鹟科 Muscicapidae	红喉歌鸲	*Calliope calliope*	LC	三有	夏、旅	古北型
		蓝喉歌鸲	*Luscinia svecica*	LC	三有	旅	古北型
		红胁蓝尾鸲	*Tarsiger cyanurus*	LC	三有	夏	东北型
		白喉红尾鸲	*Phoenicuropsis schisticeps*	LC	–	夏	喜马拉雅–横断山型
		蓝额红尾鸲	*Phoenicuropsis frontalis*	LC	–	夏	喜马拉雅–横断山型
		贺兰山红尾鸲	*Phoenicurus alaschanicus*	EN	三有	留	中亚型
		赭红尾鸲	*Phoenicurus ochruros*	LC	–	夏	地中海–中亚型
		黑喉红尾鸲	*Phoenicurus hodgsoni*	LC	–	夏	喜马拉雅–横断山型
		北红尾鸲	*Phoenicurus auroreus*	LC	三有	留	东北型
		红腹红尾鸲	*Phoenicurus erythrogastrus*	LC	–	夏	高地型

（续）

目	科名	种名		红色名录等级	保护等级	居留型	分布型
雀形目 PASSERIFORMES	鹟科 Muscicapidae	红尾水鸲	*Rhyacornis fuliginosa*	LC	–	留	东洋型
		白顶溪鸲	*Chaimarrornis leucocephalus*	LC	–	夏	喜马拉雅–横断山型
		黑喉石鸭	*Saxicola maurus*	LC	三有	夏	旧大陆热带–温带型
		白顶鹏	*Oenanthe pleschanka*	LC	–	夏	中亚型
		漠鹏	*Oenanthe deserti*	LC	–	夏	中亚型
		沙鹏	*Oenanthe isabellina*	LC	–	夏	中亚型
		白背矶鸫	*Monticola saxatilis*	LC	–	夏	中亚型
		蓝矶鸫	*Monticola solitarius*	LC	–	夏	地中海–中亚型
		锈胸蓝姬鹟	*Ficedula sordida*	LC	–	夏	–
		红喉姬鹟	*Ficedula albicilla*	LC	三有	旅	古北型
	戴菊科 Regulidae	戴菊	*Regulus regulus*	LC	–	夏、冬	全北型
	岩鹨科 Prunellidae	领岩鹨	*Prunella collaris*	LC	–	留	古北型
		鸲岩鹨	*Prunella rubeculoides*	LC	–	留	喜马拉雅–横断山型
		棕胸岩鹨	*Prunella strophiata*	LC	–	留	喜马拉雅–横断山型
		褐岩鹨	*Prunella fulvescens*	LC	–	留	喜马拉雅–横断山型
	雀科 Passeridae	麻雀	*Passer montanus*	LC	三有	留	古北型
		黑喉雪雀	*Pyrgilauda davidiana*	LC	–	留	高地型
	鹡鸰科 Motacillidae	黄鹡鸰	*Motacilla flava*	LC	三有	夏	古北型
		黄头鹡鸰	*Motacilla citreola*	LC	三有	夏	古北型
		灰鹡鸰	*Motacilla cinerea*	LC	三有	夏	旧大陆广布型
		白鹡鸰	*Motacilla alba*	LC	三有	夏	旧大陆广布型
		田鹨	*Anthus richardi*	LC	三有	夏	东北型
		树鹨	*Anthus hodgsoni*	LC	三有	夏、旅	东北型
		粉红胸鹨	*Anthus roseatus*	LC	三有	夏	高地型
		水鹨	*Anthus spinoletta*	LC	–	–	–
	燕雀科 Fringillidae	白斑翅拟蜡嘴雀	*Mycerobas carnipes*	LC	–	留	高地型
		锡嘴雀	*Coccothraustes coccothraustes*	LC	三有	冬	古北型
		灰头灰雀	*Pyrrhula erythaca*	LC	三有	留	喜马拉雅–横断山型

（续）

目	科名	种名		红色名录等级	保护等级	居留型	分布型
雀形目 PASSERIFORMES	燕雀科 Fringillidae	蒙古沙雀	*Bucanetes mongolicus*		–	–	–
		林岭雀	*Leucosticte nemoricola*	LC	–	夏	高地型
		高山岭雀	*Leucosticte brandti*	LC	–	留	高地型
		普通朱雀	*Carpodacus erythrinus*	LC	三有	夏	古北型
		红眉朱雀	*Carpodacus pulcherrimus*	LC	三有	留	喜马拉雅–横断山型
		沙色朱雀	*Carpodacus stoliczkae*		–	–	–
		白眉朱雀	*Carpodacus dubius*	LC	三有	留	喜马拉雅–横断山型
		金翅雀	*Chloris sinica*	LC	三有	夏	季风型
		黄嘴朱顶雀	*Linaria flavirostris*	LC	三有	留	古北型
		红交嘴雀	*Loxia curvirostra*	LC	–	–	–
	鹀科 Emberizidae	灰眉岩鹀	*Emberiza godlewskii*	LC	三有	留	地中海–中亚型
		三道眉草鹀	*Emberiza cioides*	LC	三有	留	东北–华北型
		栗耳鹀	*Emberiza fucata*	LC	三有	旅	东北型
		小鹀	*Emberiza pusilla*	LC	三有	冬、旅	古北型
		灰头鹀	*Emberiza spodocephala*	LC	三有	夏	东北型

注：红色名录等级为《中国生物多样性红色名录——脊椎动物卷》中评估的中国生物多样性红色名录等级，其中"CR"为极危、"EN"为濒危、"VU"为易危、"NT"为近危、"LC"为无危、"DD"为数据不足；保护级别为《国家重点保护野生动物名录（1989年）》中的保护级别，"国一"为国家一级重点保护野生动物，"国二"为国家二级重点保护野生动物，"三有"为国家保护的有重要生态、科学、社会价值的野生动物；居留型即鸟类物种在保护区的居留型，"夏"为夏候鸟、"冬"为冬候鸟、"旅"为旅鸟、"留"为留鸟。

中文名称索引

英文名称索引

拉丁学名索引